大连海事大学研究生系列教材

数值分析

主　编 ◎ 曲　凯

副主编 ◎ 王玉洁　徐丽君　赵轩艺

大连海事大学出版社

DALIAN MARITIME UNIVERSITY PRESS

图书在版编目(CIP)数据

数值分析 / 曲凯主编. — 大连 : 大连海事大学出版社, 2024. 10. — ISBN 978-7-5632-4584-0

Ⅰ. O241

中国国家版本馆 CIP 数据核字第 2024X0C076 号

大连海事大学出版社出版

地址:大连市黄浦路523号 邮编:116026 电话:0411-84729665(营销部) 84729480(总编室)

http://press.dlmu.edu.cn E-mail:dmupress@ dlmu.edu.cn

大连金华光彩色印刷有限公司印装 大连海事大学出版社发行

2024 年 10 月第 1 版 2024 年 10 月第 1 次印刷

幅面尺寸:184 mm×260 mm 印张:5.5

字数:122 千 印数:1~500 册

出版人:刘明凯

责任编辑:王 琴 责任校对:刘宝龙

封面设计:张爱妮 版式设计:张爱妮

ISBN 978-7-5632-4584-0 定价:17.00 元

内容提要

本书是为理工科专业或领域的研究生以及相关专业的本科生编写的教材，介绍了常用的数值计算方法以及有关的基本概念和基本理论，主要内容包括：函数的插值与逼近、数值积分和数值微分、线性方程组和非线性方程的数值解法、矩阵特征值的计算、常微分方程初值问题的数值解法。本书阐述简明，淡化严格论证，突出重点，便于教学。

本书可作为理工科专业的“数值分析”课程或“数值计算方法”课程的教材，也可作为从事科学与工程计算的科技工作者和研究人员的参考用书。

前　言

随着计算机的广泛应用，科学技术的发展不仅需要依靠试验方法和理论方法，还需要注重数值模拟和科学计算，而数值分析作为数值模拟和科学计算的基础，是从事科学与工程计算的科研人员必备的知识。本书基于“数值分析”课程（该课程已列入理工科专业研究生的培养方案）编写，既可以供理工科专业或领域的研究生使用，也可以供相关专业的本科生使用。

本书由曲凯担任主编，由王玉洁、徐丽君、赵轩艺担任副主编。本书具体编写分工如下：曲凯编写第 1 章、第 2 章、第 4 章，王玉洁编写第 8 章、第 9 章，徐丽君编写第 5 章、第 6 章，赵轩艺编写第 3 章、第 7 章。本书由曲凯统稿、定稿。

限于编者的水平，书中难免存在错误和疏漏，敬请读者批评指正。

本书的编写及出版得到了“大连海事大学研究生教材资助建设项目”的专项资助，是“大连海事大学研究生系列教材”之一。大连海事大学出版社的工作人员为本书的出版做了大量细致的工作，对提高教材的质量起了很大的作用，编者对他们的支持和帮助深表谢意。

编　者

2024 年 7 月

目 录

第1章 引言

1.1 数值分析简介

数值分析也称计算数学,是数学的一个分支,它研究的是用计算机求解各种数学问题的数值方法及其理论与软件实现。用计算机求解科学技术问题通常经历以下步骤:

第一步,根据实际问题建立数学模型。

第二步,通过数学模型给出数值方法。

第三步,根据数值方法编制算法程序(数学软件)并在计算机上算出结果。

第一步建立数学模型通常是应用数学的任务。第二、三步就是计算数学的任务,也就是数值分析研究的对象,它涉及数学的各个分支,内容十分广泛,概括起来有以下四点:

(1)根据计算机的特点提供切实可行的有效算法,即算法只能包括加、减、乘、除运算和逻辑运算,这些运算是计算机能直接处理的。

(2)有可靠的理论分析,能任意逼近并达到精度要求,对近似算法要保证收敛性和数值稳定性,还要对误差进行分析。这些都建立在相应数学理论的基础上。

(3)要有好的计算复杂性,包括时间复杂性和空间复杂性。时间复杂性好是指节省计算时间,空间复杂性好是指节省存储空间。计算复杂性是建立算法要研究的问题,关系到算法能否在计算机上实现。

(4)要有数值试验,即任何一个算法除了从理论上要满足上述三点外,还要通过数值试验证明是行之有效的。

根据"数值分析"课程的特点,学习时首先要注意掌握方法的基本原理和思想,要注意方法处理的技巧及与计算机的结合,要重视误差分析、收敛性及稳定性的基本理论;其次,要通过例子,学习使用各种数值方法解决实际计算问题;最后,为了掌握本课的内容,还应做一定数量的理论分析与计算练习。由于本课内容包括了微积分、线性代数、常微分方程的数值方法,读者必须掌握这几门课中与数值分析相关的基本内容,才能学好本课。

1.2 误差

1.2.1 误差的分类

用计算机解决科学计算问题时一般会出现四种误差：模型误差、观测误差、方法误差（截断误差）和舍入误差。

（1）模型误差

数学模型与实际问题之间出现的误差称为模型误差。只有实际问题提法正确，建立数学模型时又抽象、简化得合理，才能得到好的结果。由于这种误差难以用数量表示，通常都假定数学模型是合理的。这种误差可忽略不计，在“数值分析”中不予讨论。

（2）观测误差

在数学模型中往往有一些根据观测得到的物理量，如温度、长度、电压等，这些参量显然也包含误差。这种由观测产生的误差称为观测误差，在“数值分析”中也不讨论这种误差。

（3）方法误差（截断误差）

当数学模型不能得到精确解时，通常要用数值方法求它的近似解，其近似解与精确解之间的误差称为方法误差或截断误差。例如，可微函数 $f(x)$ 用泰勒（Taylor）多项式

$$P_n(x)=f(0)+\frac{f'(0)}{1!}x+\frac{f''(0)}{2!}x^2+\cdots+\frac{f^{(n)}(0)}{n!}x^n$$

近似代替，则数值方法的截断误差是

$$R_n(x)=f(x)-P_n(x)=\frac{f^{(n+1)}(\xi)}{(n+1)!}x^{n+1},\xi\text{ 在 }0\text{ 与 }x\text{ 之间}$$

（4）舍入误差

有了求解数学问题的计算公式以后，用计算机做数值计算时，由于计算机的字长有限，原始数据在计算机上表示时会产生误差，在计算过程中又可能产生新的误差，这种误差称为舍入误差。例如，用3.14159近似代替 π，产生的误差 $R=\pi-3.14159=0.0000026\cdots$ 就是舍入误差。此外，由原始数据或机器中的十进制数转化为二进制数产生的初始误差对数值计算也将造成影响，分析初始数据的误差通常也归结为舍入误差。

研究计算结果的误差是否满足精度要求就是误差估计问题，本书主要讨论算法的截断误差与舍入误差，而截断误差将结合具体算法讨论。为分析数值计算的舍入误差，先要对误差的基本概念做简单介绍。

1.2.2 误差与有效数字

定义 1.1 设 x 为准确值，x^* 为 x 的一个近似值，称 $e^*=x^*-x$ 为近似值的**绝对误差**，简称**误差**。

通常我们不能算出 x 的准确值，也不能算出误差 e^* 的准确值，只能根据测量工具或计

算情况估计出误差的绝对值不超过某个正数 ε^*，也就是误差绝对值的一个上界。ε^* 叫作近似值的**误差限**，它总是正数。对于一般情形，$|x^*-x|\leqslant\varepsilon^*$，即

$$x^*-\varepsilon^*\leqslant x\leqslant x^*+\varepsilon^*$$

这个不等式有时也表示为

$$x=x^*\pm\varepsilon^*$$

误差限的大小还不能完全表示近似值的好坏。例如，有两个量：$x=10\pm1, y=1000\pm5$，则

$$x^*=10, \varepsilon_x^*=1$$

$$y^*=1000, \varepsilon_y^*=5$$

虽然 ε_y^* 是 ε_x^* 的5倍，但 $\dfrac{\varepsilon_y^*}{y^*}=\dfrac{5}{1000}=0.5\%$ 比 $\dfrac{\varepsilon_x^*}{x^*}=\dfrac{1}{10}=10\%$ 要小得多，这说明 y^* 近似 y 的程度比 x^* 近似 x 的程度要好得多。所以，除考虑误差的大小外，还应考虑准确值 x 本身的大小。我们把近似值的误差 e^* 与准确值 x 的比值

$$\frac{e^*}{x}=\frac{x^*-x}{x}$$

称为近似值 x^* 的**相对误差**，记作 e_r^*。

在实际计算中，由于真值 x 总是不知道的，通常取

$$e_r^*=\frac{e^*}{x^*}=\frac{x^*-x}{x^*}$$

作为 x^* 的相对误差，条件是 $e_r^*=\dfrac{e^*}{x^*}$ 较小，此时

$$\frac{e^*}{x}-\frac{e^*}{x^*}=\frac{e^*(x^*-x)}{x^*x}=\frac{(e^*)^2}{x^*(x^*-e^*)}=\frac{\left(\dfrac{e^*}{x^*}\right)^2}{1-\dfrac{e^*}{x^*}}$$

是 e_r^* 的平方项级，故可忽略不计。

相对误差可正可负，它的绝对值上界叫作**相对误差限**，记作 ε_r^*，即 $\varepsilon_r^*=\dfrac{\varepsilon^*}{|x^*|}$。

根据定义，上例中 $\dfrac{\varepsilon_x^*}{|x^*|}=10\%$ 与 $\dfrac{\varepsilon_y^*}{|y^*|}=0.5\%$ 分别为 x 与 y 的相对误差限，可见 y^* 近似 y 的程度比 x^* 近似 x 的程度好。

数值计算中的误差分析是个很重要而又复杂的问题，一个工程或科学计算问题往往要计算千万次，因为每步计算都有误差。每步计算都做误差分析是不可能的，也不科学，因为误差积累有正有负，绝对值有大有小，都按最坏情况估计误差限得到的结果比实际误差大得多，这种保守的误差估计不能反映实际误差积累。

定义 1.2 一个算法如果输入数据有误差，而在计算过程中舍入误差不增大，则称此算法是**数值稳定**的，否则称此算法是**数值不稳定**的。

定义 1.3 对一个数值问题本身，如果输入数据有微小扰动（即误差），引起输出数据（即问题解）相对误差很大，这就是**病态问题**。

第2章 插值法

2.1 插值问题的提出

$f(x)$ 在 $[a,b]$ 上有定义,已知其在 x_i 处的取值为 $y_i, i=0,1,\cdots,n$, 其中 $a=x_0<x_1<\cdots<x_n=b$, 若存在一个函数 $P(x)$, 使得 $P(x_i)=y_i, i=0,1,\cdots,n$, 则称 $P(x)$ 为$f(x)$ 的插值函数。x_i 称为插值节点, $[a,b]$ 称为插值区间。图 2.1 和图 2.2 所示分别是两个插值节点和三个插值节点的情形。

在两个插值节点的情形中,假设 $y=kx+b$, 利用待定系数法,可以得到

$$\begin{cases} kx_1+b=y_1 \\ kx_2+b=y_2 \end{cases} \Rightarrow \begin{cases} k=\dfrac{y_1-y_2}{x_1-x_2} \\ b=y_1-\dfrac{y_1-y_2}{x_1-x_2}x_1 \end{cases}$$

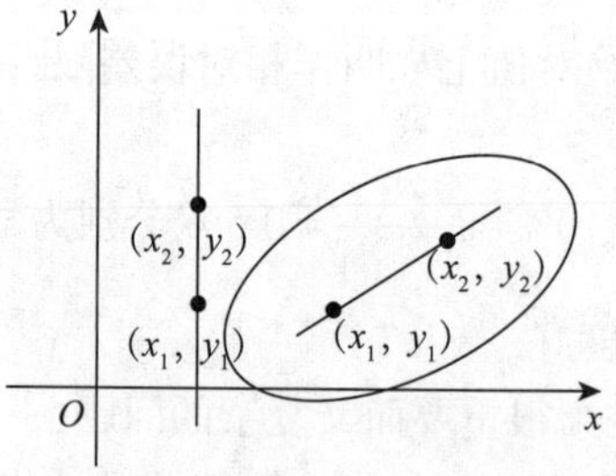

图 2.1　两个插值节点的情形

在三个插值节点的情形中,假设 $y=ax^2+bx+c$, 利用待定系数法,可以得到

$$\begin{cases} ax_1^2+bx_1+c=y_1 \\ ax_2^2+bx_2+c=y_2 \\ ax_3^2+bx_3+c=y_3 \end{cases}$$

插值多项式的唯一性可以通过范德蒙行列式来验证,例如:

$$\begin{vmatrix} x_1^2 & x_1 & 1 \\ x_2^2 & x_2 & 1 \\ x_3^2 & x_3 & 1 \end{vmatrix} = (x_3 - x_2)(x_3 - x_1)(x_2 - x_1) \neq 0$$

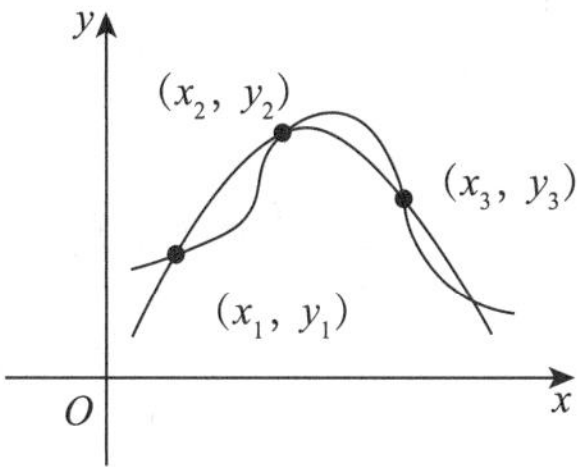

图 2.2　三个插值节点的情形

2.2　拉格朗日插值

2.2.1　拉格朗日(Lagrange)插值多项式

已知 $n = 1$, 此时有 (x_0, y_0)、(x_1, y_1) 两个插值节点, 则

$$P_1(x) = y_0 \cdot \underbrace{\boxed{\frac{x - x_1}{x_0 - x_1}}}_{l_0(x)} + y_1 \cdot \underbrace{\boxed{\frac{x - x_0}{x_1 - x_0}}}_{l_1(x)} \qquad \text{(一次多项式)}$$

满足 $P_1(x_0) = y_0$, $P_1(x_1) = y_1$。

已知 $n = 2$, 此时有 (x_0, y_0)、(x_1, y_1)、(x_2, y_2) 三个插值节点,则

$$P_2(x) = y_0 \cdot \underbrace{\boxed{\frac{(x - x_1)(x - x_2)}{(x_0 - x_1)(x_0 - x_2)}}}_{l_0(x)} + y_1 \cdot \underbrace{\boxed{\frac{(x - x_0)(x - x_2)}{(x_1 - x_0)(x_1 - x_2)}}}_{l_1(x)} + y_2 \cdot \underbrace{\boxed{\frac{(x - x_0)(x - x_1)}{(x_2 - x_0)(x_2 - x_1)}}}_{l_2(x)}$$

(二次多项式)

满足 $P_2(x_0) = y_0$, $P_2(x_1) = y_1$, $P_2(x_2) = y_2$, $P_2(x) = y_0 l_0(x) + y_1 l_1(x) + y_2 l_2(x) = \sum_{i=0}^{2} y_i l_i(x)$

在取值为 n 的情况下,有 (x_0, y_0)、(x_1, y_1)、…、(x_n, y_n) 共 $n + 1$ 个插值节点, $n + 1$ 个点唯一地确定了一个 n 次多项式(Lagrange 插值多项式)

$$L_n = \sum_{i=0}^{n} y_i l_i(x) = y_0 \cdot \underline{l_0(x)} + y_1 \cdot \underline{l_1(x)} + \cdots + y_n \cdot \underline{l_n(x)}$$

Lagrange 基函数

例如, $n = 3$ 时,插值节点为 (x_0, y_0)、(x_1, y_1)、(x_2, y_2)、(x_3, y_3)。

$$L_3(x) = y_0 \cdot l_0(x) + y_1 \cdot l_1(x) + y_2 \cdot l_2(x) + y_3 \cdot l_3(x)$$
$$= y_0 \cdot \frac{(x - x_1)(x - x_2)(x - x_3)}{(x_0 - x_1)(x_0 - x_2)(x_0 - x_3)} +$$
$$y_1 \cdot \frac{(x - x_0)(x - x_2)(x - x_3)}{(x_1 - x_0)(x_1 - x_2)(x_1 - x_3)} + y_2 \cdot l_2(x) + y_3 \cdot l_3(x)$$

例 2.1 已知插值节点的信息如表 2.1 所示。

表 2.1 插值节点的信息

x_0	x_1	x_2	x^*
1	2	3	$\frac{5}{2}$
y_0	y_1	y_2	y^*
4	1	2	?

解:

$n = 2$, $(1,4)$ $(2,1)$ $(3,2)$ $\left(\frac{5}{2}, ?\right)$

$$L_2(x) = y_0 \cdot \frac{(x - x_1)(x - x_2)}{(x_0 - x_1)(x_0 - x_2)} + y_1 \cdot \frac{(x - x_0)(x - x_2)}{(x_1 - x_0)(x_1 - x_2)} + y_2 \cdot \frac{(x - x_0)(x - x_1)}{(x_2 - x_0)(x_2 - x_1)}$$
$$= 4 \times \frac{\left(\frac{5}{2} - 2\right)\left(\frac{5}{2} - 3\right)}{(1 - 2)(1 - 3)} + 1 \times \frac{\left(\frac{5}{2} - 1\right)\left(\frac{5}{2} - 3\right)}{(2 - 1)(2 - 3)} + 2 \times \frac{\left(\frac{5}{2} - 1\right)\left(\frac{5}{2} - 2\right)}{(3 - 1)(3 - 2)}$$
$$= 4 \times \frac{-\frac{1}{4}}{2} + 1 \times \frac{-\frac{3}{4}}{-1} + 2 \times \frac{\frac{3}{4}}{2}$$
$$= -\frac{1}{2} + \frac{3}{4} + \frac{3}{4} = 1$$

得到的结果可以在图 2.3 中进行比较。

$$f(x^*) \approx L(x^*)$$

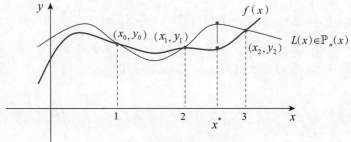

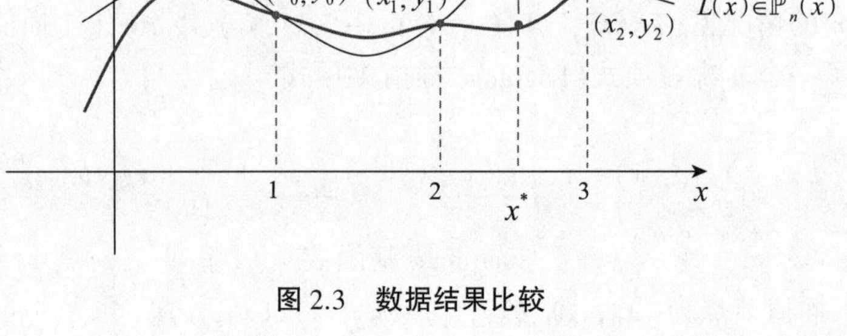

图 2.3 数据结果比较

2.2.2 拉格朗日插值多项式的误差

定理 2.1 设 $[a,b]$ 是包含插值节点 $x_0,x_1,\cdots,x_n$ 的区间，$f(x)\in\mathbb{C}^{n+1}[a,b]$，$L_n(x)$ 是 $f(x)$ 在 $[a,b]$ 上的 n 次 Lagrange 插值多项式，$|f^{(n+1)}(\xi)|\leqslant M$，则对任意的 $x\in[a,b]$

$$|f(x)-L_n(x)|=\left|\frac{f^{(n+1)}(\xi)\cdot\omega(x)}{(n+1)!}\right|\leqslant M\cdot\frac{|\omega(x)|}{(n+1)!}$$

定义函数：

$$\varphi(t)=f(t)-L_n(t)-\frac{f(x)-L_n(x)}{\omega(x)}\cdot\omega(t)$$

$$\omega(x)=(x-x_0)(x-x_1)\cdots(x-x_n)$$

$$\omega(t)=(t-x_0)(t-x_1)\cdots(t-x_n)\qquad(n+1\text{ 次多项式})$$

$\varphi(t)$ 在 $[a,b]$ 上是 $n+1$ 次连续可导的，则

$$\varphi(x_0)=f(x_0)-L_n(x_0)-\frac{f(x)-L_n(x)}{\omega(x)}\omega(x_0)=0-\frac{f(x)-L_n(x)}{\omega(x)}\cdot 0=0$$

$$\varphi(x_1)=0,\varphi(x_2)=0,\cdots,\varphi(x_n)=0$$

$$\varphi(x)=f(x)-L_n(x)-\frac{f(x)-L_n(x)}{\omega(x)}\omega(x)=0$$

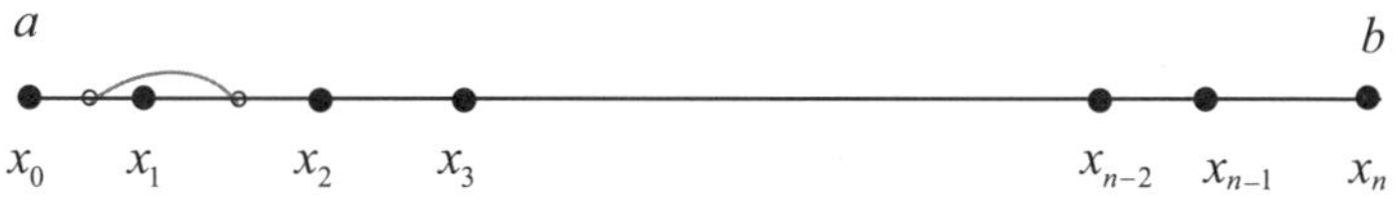

$\varphi(t)$ 有 $n+2$ 个零点，$\varphi'(t)$ 有 $n+1$ 个零点，$\varphi''(t)$ 有 n 个零点，……，$\varphi^{(n+1)}(t)$ 有 1 个零点，记为 ξ^*，$\varphi^{(n+1)}(\xi^*)=0$，即

$$\varphi^{(n+1)}(\xi^*)=f^{(n+1)}(t)-L_n^{(n+1)}(t)-\frac{f(x)-L_n(x)}{\omega(x)}\cdot\omega^{(n+1)}(t)$$

$$=f^{(n+1)}(\xi^*)-0-\frac{f(x)-L_n(x)}{\omega(x)}\cdot(n+1)!$$

$$=0$$

则 $|f(x)-L_n(x)|=\left|\dfrac{f^{(n+1)}(\xi^*)\cdot\omega(x)}{(n+1)!}\right|$。

2.3 牛顿插值

当 $n=1$ 时，即给定了两个插值节点 (x_0,y_0)、(x_1,y_1)

$$N_1(x)=y_0-\frac{y_0-y_1}{x_0-x_1}\cdot x_0+\frac{y_0-y_1}{x_0-x_1}\cdot x=y_0+\frac{y_0-y_1}{x_0-x_1}\cdot(x-x_0)$$

其中，$y_0-\dfrac{y_0-y_1}{x_0-x_1}\cdot x_0=b$，$\dfrac{y_0-y_1}{x_0-x_1}=k$。

当 $n=2$ 时，即给定了三个插值节点 (x_0,y_0)、(x_1,y_1)、(x_2,y_2)

$$N_2(x)=N_1(x)+A\cdot(x-x_0)(x-x_1)$$

$$N_2(x_0)=y_0,\ N_2(x_1)=y_1,\ N_2(x_2)=y_2$$

$$N_2(x)=N_1(x)+A\cdot(x-x_0)(x-x_1)=y_0+\frac{y_0-y_1}{x_0-x_1}\cdot(x-x_0)+A\cdot(x-x_0)(x-x_1)$$

$$N_2(x_2)=y_0+\frac{y_0-y_1}{x_0-x_1}\cdot(x_2-x_0)+A\cdot(x_2-x_0)(x_2-x_1)=y_2$$

$$\Rightarrow A=\frac{\dfrac{y_0-y_1}{x_0-x_1}-\dfrac{y_1-y_2}{x_1-x_2}}{x_0-x_2}$$

$$N_2(x)=N_1(x)+\boxed{\frac{\dfrac{y_0-y_1}{x_0-x_1}-\dfrac{y_1-y_2}{x_1-x_2}}{x_0-x_2}}\cdot(x-x_0)(x-x_1)$$

当 $n=3$ 时，即给定了四个插值节点 (x_0,y_0)、(x_1,y_1)、(x_2,y_2)、(x_3,y_3)

$$N_3(x)=N_2(x)+A\cdot(x-x_0)(x-x_1)(x-x_2)$$

$$N_3(x_3)=y_3\Rightarrow A$$

$$N_3(x)=\boxed{\boxed{y_0+\frac{y_0-y_1}{x_0-x_1}(x-x_0)}+\frac{\dfrac{y_0-y_1}{x_0-x_1}-\dfrac{y_1-y_2}{x_1-x_2}}{x_0-x_2}\cdot(x-x_0)(x-x_1)}+A\cdot(x-x_0)(x-x_1)(x-x_2)$$

$$N_1(x)=y_0+\frac{y_0-y_1}{x_0-x_1}\cdot(x-x_0)=y_0+\frac{f[x_0]-f[x_1]}{x_0-x_1}\cdot(x-x_0)\qquad N_2(x)$$

给定记号：$f[x_0]=y_0$，$f[x_1]=y_1$，$f[x_2]=y_2$，…

$$N_2(x)=N_1(x)+\frac{\dfrac{y_0-y_1}{x_0-x_1}-\dfrac{y_1-y_2}{x_1-x_2}}{x_0-x_2}\cdot(x-x_0)(x-x_1)$$

$$=N_1(x)+\frac{\dfrac{f[x_0]-f[x_1]}{x_0-x_1}-\dfrac{f[x_1]-f[x_2]}{x_1-x_2}}{x_0-x_2}(x-x_0)(x-x_1)$$

$$\frac{f[x_0]-f[x_1]}{x_0-x_1}=f[x_0,x_1],\ \frac{f[x_1]-f[x_2]}{x_1-x_2}=f[x_1,x_2]$$

定义 2.1 令 $f[x_0,x_1,\cdots,x_k]=\dfrac{f[x_0,x_1,\cdots,x_{k-1}]-f[x_1,x_2,\cdots,x_k]}{x_0-x_k}$，$f[x_0,x_1,\cdots,x_k]$ 称为 k **阶差商**。

$$N_2(x)=N_1(x)+\frac{f[x_0,x_1]-f[x_1,x_2]}{x_0-x_2}(x-x_0)(x-x_1)$$

$$N_3(x)=N_2(x)+\frac{f[x_0,x_1,x_2]-f[x_1,x_2,x_3]}{x_0-x_3}(x-x_0)(x-x_1)(x-x_2)$$

其中

$$\frac{f[x_0,x_1,x_2]-f[x_1,x_2,x_3]}{x_0-x_3}$$

$$=\frac{\frac{f[x_0,x_1]-f[x_1,x_2]}{x_0-x_2}-\frac{f[x_1,x_2]-f[x_2,x_3]}{x_1-x_3}}{x_0-x_3}$$

$$=\frac{\frac{\frac{f[x_0]-f[x_1]}{x_0-x_1}-\frac{f[x_1]-f[x_2]}{x_1-x_2}}{x_0-x_2}-\frac{\frac{f[x_1]-f[x_2]}{x_1-x_2}-\frac{f[x_2]-f[x_3]}{x_2-x_3}}{x_1-x_3}}{x_0-x_3}$$

$n=4$

$$N_4(x)=N_3(x)+\frac{f[x_0,x_1,x_2,x_3]-f[x_1,x_2,x_3,x_4]}{x_0-x_4}(x-x_0)(x-x_1)(x-x_2)(x-x_3)$$

一阶差商、二阶差商以及三阶差商的构造如表 2.2 所示。

表 2.2 差商表

		一阶差商	二阶差商	三阶差商
x_0	$f[x_0]$			
x_1	$f[x_1]$	$f[x_0,x_1]$		
x_2	$f[x_2]$	$f[x_1,x_2]$	$f[x_0,x_1,x_2]$	
x_3	$f[x_3]$	$f[x_2,x_3]$	$f[x_1,x_2,x_3]$	$f[x_0,x_1,x_2,x_3]$
x_4	$f[x_4]$	$f[x_3,x_4]$	$f[x_2,x_3,x_4]$	$f[x_1,x_2,x_3,x_4]$

例 2.2 利用例 2.1 中的数据,分别构造二次拉格朗日插值多项式和二次牛顿插值多项式。

解:

$$\begin{aligned}L_2(x)&=y_0l_0(x)+y_1l_1(x)+y_2l_2(x)\\&=y_0\cdot\frac{(x-x_1)(x-x_2)}{(x_0-x_1)(x_0-x_2)}+y_1\cdot\frac{(x-x_0)(x-x_2)}{(x_1-x_0)(x_1-x_2)}+y_2\cdot\frac{(x-x_0)(x-x_1)}{(x_2-x_0)(x_2-x_1)}\\&=4\times\frac{(x-2)(x-3)}{(1-2)(1-3)}+1\times\frac{(x-1)(x-3)}{(2-1)(2-3)}+2\times\frac{(x-1)(x-2)}{(3-1)(3-2)}\\&=2(x^2-5x+6)-(x^2-4x+3)+(x^2-3x+2)\\&=2x^2-9x+11\end{aligned}$$

$$
\begin{aligned}
N_2(x) &= N_1(x) + A(x-x_0)(x-x_1)\\
&= N_1(x) + \frac{f[x_0,x_1]-f[x_1,x_2]}{x_0-x_2}\cdot(x-x_0)(x-x_1)\\
&= N_0(x) + \frac{f[x_0]-f[x_1]}{x_0-x_1}\cdot(x-x_0) + \frac{f[x_0,x_1]-f[x_1,x_2]}{x_0-x_2}\cdot(x-x_0)(x-x_1)\\
&= f[x_0] + \frac{f[x_0]-f[x_1]}{x_0-x_1}\cdot(x-x_0) + \frac{f[x_0,x_1]-f[x_1,x_2]}{x_0-x_2}\cdot(x-x_0)(x-x_1)\\
&= f[x_0] + f[x_0,x_1](x-x_0) + f[x_0,x_1,x_2](x-x_0)(x-x_1)\\
&= 4 + (-3)(x-1) + 2(x-1)(x-2)\\
&= 4 - 3x + 3 + 2x^2 - 6x + 4\\
&= 2x^2 - 9x + 11
\end{aligned}
$$

$$f[x_0,x_1] = \frac{f[x_0]-f[x_1]}{x_0-x_1} = \frac{4-1}{1-2} = -3$$

$$f[x_1,x_2] = \frac{f[x_1]-f[x_2]}{x_1-x_2} = \frac{1-2}{2-3} = 1$$

$$f[x_0,x_1,x_2] = \frac{f[x_0,x_1]-f[x_1,x_2]}{x_0-x_2} = \frac{-3-1}{1-3} = 2$$

差商的计算结果如表 2.3 所示。

表 2.3　差商的计算结果

x	$f[x]$	一阶差商	二阶差商
1	4		
2	1	$f[x_0,x_1]=-3$	
3	2	$f[x_1,x_2]=1$	$f[x_0,x_1,x_2]=2$

2.4　埃尔米特插值

如果既要求在插值节点处达到插值条件 $P(x_i)=y_i$，还要求在某些插值节点处达到光滑条件(一定次数的导数)，应该如何来构造满足上述条件的插值多项式呢？下面介绍典型的埃尔米特(Hermite)插值：

已知四个插值节点的信息：$(x_0,f(x_0))$、$(x_1,f(x_1))$、$(x_2,f(x_2))$、$(x_1,f'(x_1))$，$f(x)$ 未知，求 $P(x)$，使得 $P(x_0)=f(x_0)$，$P(x_1)=f(x_1)$，$P(x_2)=(x_2)$，$P'(x_1)=f'(y_1)$。

易知 $P(x)$ 是一个 3 次多项式，设

$$P(x)=f(x_0)+f[x_0,x_1]\cdot(x-x_0)+f[x_0,x_1,x_2]\cdot(x-x_0)(x-x_1)+$$
$$A(x-x_0)(x-x_1)(x-x_2)$$

则

$$P'(x)=f[x_0,x_1]+f[x_0,x_1,x_2]\cdot[(x-x_0)(x-x_1)]'+$$
$$A\cdot[(x-x_0)(x-x_1)(x-x_2)]'$$
$$=f[x_0,x_1]+f[x_0,x_1,x_2]\cdot(2x-x_0-x_1)+$$
$$A\cdot[(x-x_1)(x-x_2)+(x-x_0)(x-x_2)+(x-x_0)(x-x_1)]$$
$$P'(x_1)=f[x_0,x_1]+f[x_0,x_1,x_2]\cdot(x_1-x_0)+A(x_1-x_0)(x_1-x_2)=f'(x_1)$$
$$A=\frac{f'(x_1)-f[x_0,x_1]-f[x_0,x_1,x_2]\cdot(x_1-x_0)}{(x_1-x_0)(x_1-x_2)}$$

故

$$P(x)=f(x_0)+f[x_0,x_1](x-x_0)+f[x_0,x_1,x_2]\cdot(x-x_0)(x-x_1)+$$
$$\frac{f'(x_1)-f[x_0,x_1]-f[x_0,x_1,x_2](x_1-x_0)}{(x_1-x_0)(x_1-x_2)}(x-x_0)(x-x_1)(x-x_2)$$

例 2.3 已知$\left(\frac{1}{4},\frac{1}{8}\right)$、$(1,1)$、$\left(\frac{9}{4},\frac{27}{8}\right)$三个插值节点和$\left(1,f'(1)=\frac{3}{2}\right)$导数条件,求$P(x)$。

解:

$$P(x)=\frac{1}{8}+f[x_0,x_1]\cdot\left(x-\frac{1}{4}\right)+f[x_0,x_1,x_2]\cdot\left(x-\frac{1}{4}\right)(x-1)+$$
$$\frac{\frac{3}{2}-f[x_0,x_1]-f[x_0,x_1,x_2]\cdot\left(1-\frac{1}{4}\right)}{\left(1-\frac{1}{4}\right)\left(1-\frac{9}{4}\right)}\cdot\left(x-\frac{1}{4}\right)(x-1)\left(x-\frac{9}{4}\right)$$

计算结果如表 2.4 所示。

表 2.4 计算结果

$\frac{1}{4}$	$\frac{1}{8}$		
1	1	$f[x_0,x_1]=\frac{7}{6}$	
$\frac{9}{4}$	$\frac{27}{8}$	$f[x_1,x_2]=\frac{19}{10}$	$f[x_0,x_1,x_2]=\frac{\frac{7}{6}-\frac{19}{10}}{\frac{1}{4}-\frac{9}{4}}=\frac{11}{30}$

所以

$$P(x)=\frac{1}{8}+\frac{7}{6}\cdot\left(x-\frac{1}{4}\right)+\frac{11}{30}\cdot\left(x-\frac{1}{4}\right)(x-1)-\frac{14}{225}\left(x-\frac{1}{4}\right)(x-1)\left(x-\frac{9}{4}\right)$$

下面介绍两点三次埃尔米特插值:

已知(x_0,y_0)、(x_1,y_1)两个插值节点，以及$(x_0,f'(x_0)=m_0)$、$(x_1,f'(x_1)=m_1)$两个导数条件，求$H(x)$，使得$H(x)$满足上述条件。

易知$H(x)$是一个三次多项式

$$\left.\begin{matrix} H(x_0)=y_0,H(x_1)=y_1 \\ H'(x_0)=m_0,H'(x_1)=m_1 \end{matrix}\right\}\Rightarrow H(x)$$

$$H(x)=y_0\cdot\alpha_0(x)+y_1\cdot\alpha_1(x)+m_0\cdot\beta_0(x)+m_1\cdot\beta_1(x)$$

$$\alpha_0(x_0)=1,\alpha_0(x_1)=0$$

$$H'(x)=y_0\cdot\alpha_0'(x)+y_1\cdot\alpha_1'(x)+m_0\cdot\beta_0'(x)+m_1\cdot\beta_1'(x)$$

$$\alpha_0'(x_0)=1,\alpha_0'(x_1)=0$$

$$\alpha_0(x)=(ax+b)\frac{(x-x_1)^2}{(x_0-x_1)^2},ax_0+b=1 \tag{2.4.1}$$

$$\alpha_0'(x)=a\cdot\frac{(x-x_1)^2}{(x_0-x_1)^2}+\frac{ax+b}{(x_0-x_1)^2}\cdot 2(x-x_1)$$

$$\alpha_0'(x_0)=a+\frac{2(ax_0+b)}{x_0-x_1}=0 \tag{2.4.2}$$

将式(2.4.1)与式(2.4.2)联立，得

$$\begin{cases} a=-\dfrac{2}{x_0-x_1} \\ b=1+\dfrac{2x_0}{x_0-x_1} \end{cases}$$

同理可求出$\alpha_1(x)$。

$$\beta_0(x_0)=0,\beta_0(x_1)=0,\beta_0'(x_0)=1,\beta_0'(x_1)=0$$

$$\beta_0(x)=A(x-x_0)(x-x_1)^2$$

$$\beta_0'(x)=A(x-x_1)^2+A\cdot 2(x-x_0)(x-x_1)$$

$$\beta_0'(x_0)=A(x-x_1)^2+0=1\Rightarrow A=\frac{1}{(x_0-x_1)^2}$$

所以

$$\beta_0(x)=\frac{(x-x_0)(x-x_1)^2}{(x_0-x_1)^2}$$

同理可求出$\beta_1(x)$。

2.5 分段低次插值

分段线性插值和分段二次插值分别如图 2.4 和图 2.5 所示。如果是分段线性插值，则构造出的分段多项式$S(x)$满足在每一段上都是一次多项式，在连接的节点处只满足连续

性而不满足光滑性(零次光滑),记作 $S(x) \in \mathbb{C}_1^0[a,b]$。如果想要在连接的节点处满足一次光滑,通过两点三次 Hermite 插值多项式的构造方式就可以满足。这就是分段三次 Hermite 插值,如图 2.6 所示。

$$H_3(x)=\begin{cases}\cdots, x\in[a,x_1]\\ \cdots, x\in[x_1,x_2]\\ \cdots, x\in[x_2,b]\end{cases}$$

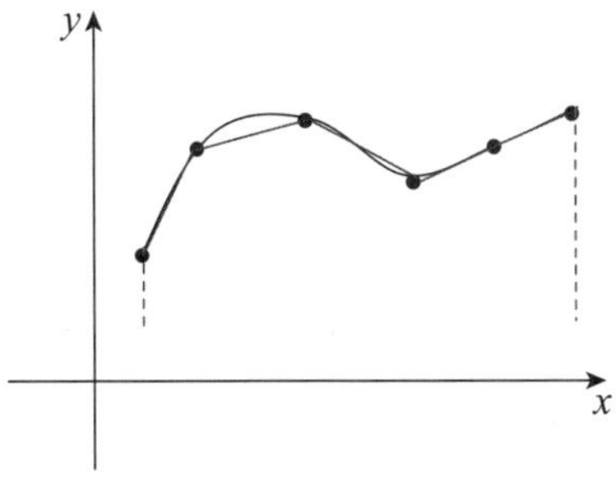

图 2.4　分段线性插值

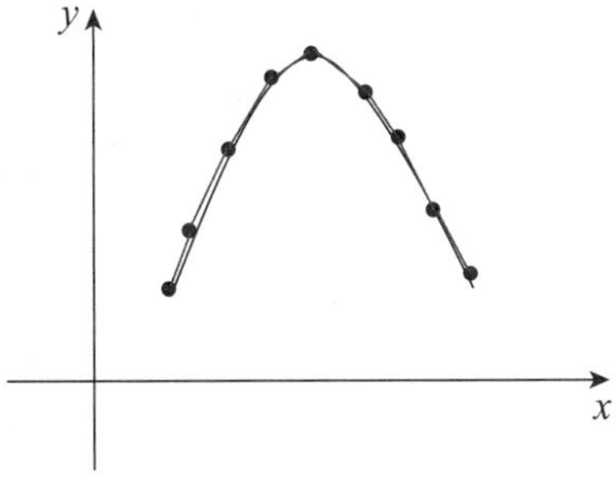

图 2.5　分段二次插值

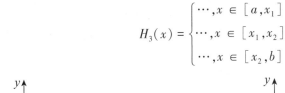

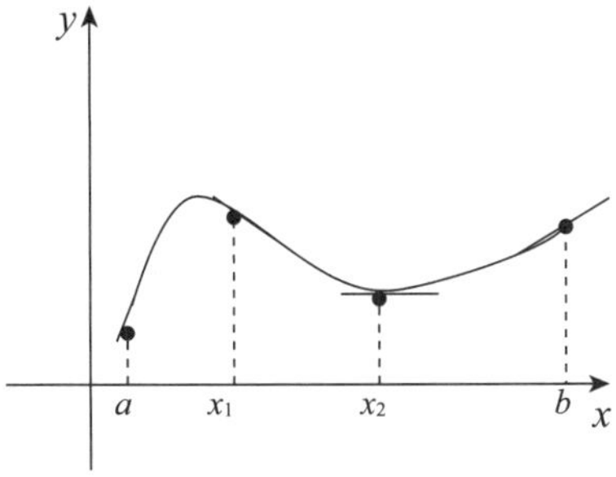

图 2.6　分段三次 Hermite 插值

满足 $\mathbb{C}_3^2[a,b]$ 的分段插值多项式的相关内容请见 2.6 节。

2.6　三次样条

如果我们的要求再高一点,能否构造出在插值节点处满足二次光滑的分段插值多项式?即能否构造出 $S(x) \in \mathbb{C}_3^2[a,b]$?

已知插值节点(x_i,y_i),$i=0,1,\cdots,n$,且给出边界条件 $\begin{cases}S'(x_0)=f_0\\ S'(x_n)=f_n\end{cases}$。

求 $S(x)$,使得:(1) $S(x_i)=y_i$(插值条件);(2) $S(x)|_{I_i=[x_i,x_{i+1}]} \in \mathbb{P}_3(x)$;(3) $S(x) \in \mathbb{C}_3^2[a,b]$。

记 $S(x)|_{I_i}=S_i(x)$,则上述条件共给出了 $4n-2$ 个条件:

(1) $S(x_i^+) = y_i, i = 0,1,\cdots,n-1$,共 n 个条件;

(2) $S(x_i^-) = y_i, i = 1,2,\cdots,n$,共 n 个条件;

(3) $S'(x_i^+) = S'(x_i^-), i = 1,2,\cdots,n-1$,共 $n-1$ 个条件;

(4) $S''(x_i^+) = S''(x_i^-), i = 1,2,\cdots,n-1$,共 $n-1$ 个条件。

然而,为了构造出 $S(x)$,共需要 $4n$ 个系数待定,因此,边界条件的出现是必需的。

假设:$S''(x_j) = M_j (j = 0,1,\cdots,n)$, $S(x)|_{I_j=[x_j,x_{j+1}]} \in \mathbb{P}_3(x)$, $S''(x)|_{I_j} \in \mathbb{P}_1(x)$。$S(x)$ 的图像和 $S''(x)$ 的图像分别如图 2.7 和图 2.8 所示。

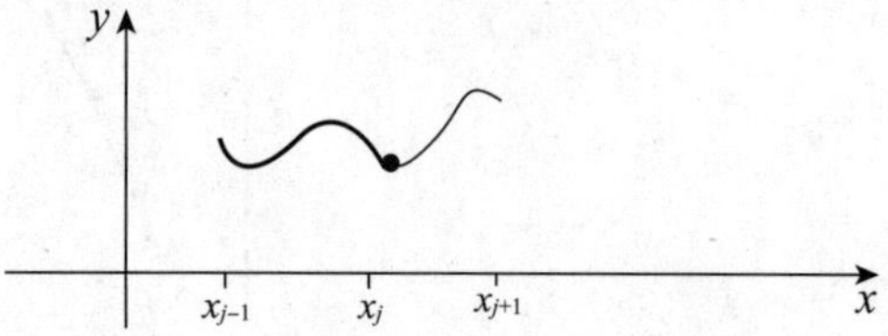

图 2.7　$S(x)$ 的图像

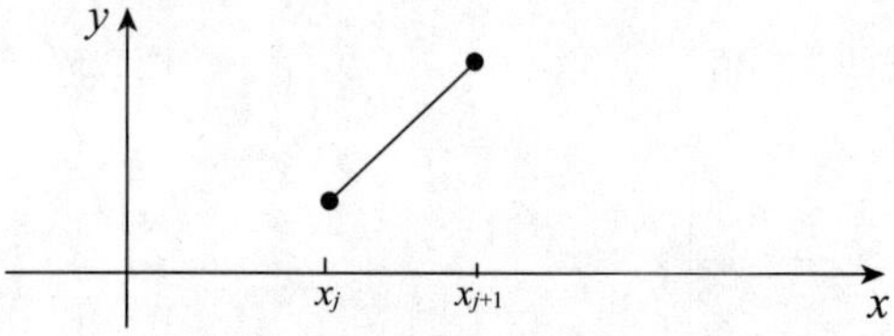

图 2.8　$S''(x)$ 的图像

$$S''(x)|_{I_j} = M_j \cdot \frac{x_{j+1} - x}{x_{j+1} - x_j} + M_{j+1} \cdot \frac{x - x_j}{x_{j+1} - x_j}$$

记

$$x_{j+1} - x_j = h_j$$

则

$$\begin{aligned} S'(x)|_{I_j} &= \int S''(x)\,\mathrm{d}x \\ &= \int\left(M_j \cdot \frac{x_{j+1} - x}{h_j} + M_{j+1} \cdot \frac{x - x_j}{h_j}\right)\mathrm{d}x \\ &= \left(\frac{M_j \cdot x_{j+1}}{h_j} - \frac{M_{j+1} \cdot x_j}{h_j}\right)x + \left(\frac{M_{j+1}}{h_j} - \frac{M_j}{h_j}\right) \cdot \frac{1}{2}x^2 + c_1 \end{aligned}$$

$$S(x)|_{I_j} = \int S'(x)\,\mathrm{d}x = \frac{1}{2} \cdot \frac{M_j \cdot x_{j+1} - M_{j+1} \cdot x_j}{h_j} \cdot x^2 + \frac{1}{6}\left(\frac{M_{j+1} - M_j}{h_j}\right)x^3 + c_1 x + c_2$$

代入 $S(x_j) = y_j, S(x_{j+1}) = y_{i+1}$

则

$$\begin{aligned} S(x)|_{I_j} = {} & M_j \cdot \frac{(x_{j+1} - x)^3}{6h_j} + M_{j+1} \cdot \frac{(x - x_j)^3}{6h_j} + \\ & \left(y_j - \frac{M_j h_j^2}{6}\right) \cdot \frac{x_{j+1} - x}{h_j} + \left(y_{j+1} - \frac{M_{j+1} h_j^2}{6}\right) \cdot \frac{x - x_j}{h_j} \end{aligned}$$

$$S'(x)\mid_{I_j}=-M_j\cdot\frac{(x_{j+1}-x)^2}{2h_j}+M_{j+1}\cdot\frac{(x-x_j)^2}{2h_j}+\frac{y_{j+1}-y_j}{h_j}-\frac{M_{j+1}-M_j}{6}h_j$$

$$S'(x_j)\mid_{I_j}=-\frac{h_j}{3}M_j-\frac{h_j}{6}M_{j+1}+\frac{y_{j+1}-y_j}{h_j}\quad[\,x_j\text{ 这一点处的右导数 }S'_+(x_j)\,]$$

同理

$$S'(x)\mid_{I_{j-1}}=-M_{j-1}\cdot\frac{(x_j-x)^2}{2h_{j-1}}+M_j\cdot\frac{(x-x_{j-1})^2}{2h_{j-1}}+\frac{y_j-y_{j-1}}{h_{j-1}}-\frac{M_j-M_{j-1}}{6}h_{j-1}$$

$$S'(x_j)\mid_{I_{j-1}}=\frac{h_{j-1}}{6}M_{j-1}-\frac{h_{j-1}}{3}M_j+\frac{y_j-y_{j-1}}{h_{j-1}}\quad[\,x_j\text{ 这一点处的左导数 }S'_-(x_j)\,]$$

$$S'_+(x_j)=S'_-(x_j)$$

$$\Rightarrow-\frac{h_j}{3}M_j-\frac{h_j}{6}M_{j+1}+\frac{y_{j+1}-y_j}{h_j}=\frac{h_{j-1}}{6}M_{j-1}-\frac{h_{j-1}}{3}M_j+\frac{y_j-y_{j-1}}{h_{j-1}}$$

$$h_{j-1}\cdot M_{j-1}+2(h_j+h_{j-1})\cdot M_j+h_j\cdot M_{j+1}=6\left(\frac{y_{j+1}-y_j}{h_j}-\frac{y_j-y_{j-1}}{h_{i-1}}\right)$$

$$\frac{h_{j-1}}{h_j+h_{j-1}}\cdot M_{j-1}+2M_j+\frac{h_j}{h_j+h_{j-1}}M_{j+1}=\frac{6\left(\frac{y_{j+1}-y_j}{h_j}-\frac{y_j-y_{j-1}}{h_{j-1}}\right)}{h_j+h_{j-1}}$$

记

$$\frac{h_{j-1}}{h_j+h_{j-1}}\cdot M_{j-1}=\mu_j,\ \frac{h_j}{h_j+h_{j-1}}=\lambda_j,\ \frac{6\left(\frac{y_{j+1}-y_j}{h_j}-\frac{y_j-y_{j-1}}{h_{j-1}}\right)}{h_j+h_{j-1}}=d_j$$

其中

$$d_j=\frac{6\left(\frac{y_{j+1}-y_j}{h_j}-\frac{y_j-y_{j-1}}{h_{j-1}}\right)}{h_j+h_{j-1}}=\frac{6(f[x_j,x_{j+1}]-f[x_{j-1},x_j])}{x_{j+1}-x_{j-1}}=6f[x_{j-1},x_j,x_{j+1}]$$

$$\mu_jM_{j-1}+2M_j+\lambda_jM_{j+1}=d_j,\ j=1,2,\cdots,n-1$$

下面通过边界条件给出另外两个等式关系

$$S'(x)\mid_{I_0}=-M_0\cdot\frac{(x_1-x)^2}{2h_0}+M_1\cdot\frac{(x-x_0)^2}{2h_0}+\frac{y_1-y_0}{h_0}-\frac{M_1-M_0}{6}h_0$$

$$S'(x_0)\mid_{I_0}=-\frac{h_0}{3}M_0-\frac{h_0}{6}M_1+\frac{y_1-y_0}{h_0}=f_0$$

$$\Rightarrow-2h_0M_0-h_0M_1+6f[x_0,x_1]=6f_0$$

$$\Rightarrow 2M_0+M_1=\frac{6(f[x_0,x_1]-f_0)}{h_0}=d_0$$

同理

$$M_{n-1}+2M_n=\frac{6}{h_{n-1}}(f_n-f[x_{n-1},x_n])=d_n$$

$$\begin{cases}2M_0+M_1=d_0\\ \mu_1M_0+2M_1+\lambda_1M_2=d_1\\ \mu_2M_1+2M_2+\lambda_2M_3=d_2\\ \vdots\\ \mu_{n-1}M_{n-2}+2M_{n-1}+\lambda_{n-1}M_n=d_{n-1}\\ M_{n-1}+2M_n=d_n\end{cases}\qquad M_0,M_1,\cdots,M_n,\text{是未知数}$$

$$\begin{pmatrix}2 & 1 & & & & \\ \mu_1 & 2 & \lambda_1 & & & \\ & \mu_2 & 2 & \lambda_2 & & \\ & & \ddots & \ddots & \ddots & \\ & & & \mu_{n-1} & 2 & \lambda_{n-1}\\ & & & & 1 & 2\end{pmatrix}\cdot\begin{pmatrix}M_0\\ M_1\\ M_2\\ \vdots\\ M_{n-1}\\ M_n\end{pmatrix}=\begin{pmatrix}d_0\\ d_1\\ d_2\\ \vdots\\ d_{n-1}\\ d_n\end{pmatrix}$$

例 2.4 已知(1,-1)、(3,2)、(4,0)、(6,5)四个插值节点,以及$f'(1)=2$、$f'(6)=1$两个边值条件,求三对角线性方程组。

解:

$$h_0=3-1=2,h_1=4-3=1,h_2=6-4=2$$

$$\mu_1=\frac{h_0}{h_0+h_1}=\frac{2}{2+1}=\frac{2}{3}$$

$$\mu_2=\frac{h_1}{h_1+h_2}=\frac{1}{1+2}=\frac{1}{3}$$

通过差商的计算结果(见表 2.5),可以计算出

$$d_0=\frac{6(f[x_0,x_1]-f_0)}{h_0}=\frac{6\times\left(\frac{3}{2}-2\right)}{2}=-\frac{3}{2}$$

$$d_1=6f[x_0,x_1,x_2]=-7$$

$$d_2=6f[x_1,x_2,x_3]=6\times\frac{3}{2}=9$$

$$d_3=\frac{6(f_3-f[x_2,x_3])}{h_2}=\frac{6\times\left(1-\frac{5}{2}\right)}{2}=-\frac{9}{2}$$

$$\begin{pmatrix} 2 & 1 & 0 & 0 \\ \frac{2}{3} & 2 & \frac{1}{3} & 0 \\ 0 & \frac{1}{3} & 2 & \frac{2}{3} \\ 0 & 0 & 1 & 2 \end{pmatrix} \cdot \begin{pmatrix} M_0 \\ M_1 \\ M_2 \\ M_3 \end{pmatrix} = \begin{pmatrix} -\frac{3}{2} \\ -7 \\ 9 \\ -\frac{9}{2} \end{pmatrix}$$

表 2.5 差商的计算结果

1	-1			
3	2	$\frac{3}{2}$		
4	0	-2	$-\frac{7}{6}$	
6	5	$\frac{5}{2}$	$\frac{3}{2}$	$\frac{8}{15}$

习题

1.设 $f(x)=x^4$，试利用 Lagrange 插值余项定理写出以 -2、-1、0、1 为插值节点的三次插值多项式。

2.给定 $f(1)=4$，$f(2)=1$，$f(4)=0$，$f(6)=1$，$f(7)=1$，求四次牛顿插值多项式，并写出插值余项。

3.已知函数 $y=f(x)$ 在以下点处的函数值，$f(1)=2$，$f(3)=1$，$f(4)=8$，利用差商表求 $f'(2)$ 和 $f''(2)$ 的近似值。

4.已知被插值函数 $f(x)=3^x$ 在以下点处的函数值如表 2.6 所示，利用牛顿插值法求一个三次插值多项式 $P_3(x)$，再利用 $P_3(x)$ 计算 $\sqrt{3}$ 的近似值。

表 2.6 函数值

x	0	1	2	3
y	1	3	9	27

第3章

函数逼近

3.1 基本概念

3.1.1 问题的提出

有一组试验数据$\{(x_i, y_i)\}_{i=0,1,2,\cdots,m}$,要求在一个函数类$\overline{\Phi}$($\overline{\Phi}$:span$\{\varphi_0(x), \varphi_1(x), \cdots, \varphi_n(x)\}$)中寻求一个函数$S^*(x)$,使得$S^*(x)$与$y_i$在某种意义下的误差达到最小。

设$f(x) \in \mathbb{C}[a,b]$,则几种范数的定义如下:

$\| f(x) \|_\infty = \max\limits_{a \leqslant x \leqslant b} |f(x)|$,称为无穷范数。

$\| f(x) \|_1 = \int_a^b |f(x)| \mathrm{d}x$,称为1-范数。

$\| f(x) \|_2 = \left[\int_a^b f^2(x) \mathrm{d}x\right]^{\frac{1}{2}}$,称为2-范数。

在线性代数中,$\mathbb{R}^n$中的两个向量$\boldsymbol{x} = (x_1, x_2, \cdots, x_n)^{\mathrm{T}}$及$\boldsymbol{y} = (y_1, y_2, \cdots, y_n)^{\mathrm{T}}$的内积定义为

$$(\boldsymbol{x}, \boldsymbol{y}) = x_1 y_1 + x_2 y_2 + \cdots + x_n y_n$$

若将它推广到一般的线性空间X,则有下面的定义。

定义3.1 设X是数域K($\mathbb{R}$或$\mathbb{C}$)上的线性空间,对$\forall u, v \in X$,有K中一个数与之对应,记为(u,v),它满足以下条件:

(1) $(u,v) = \overline{(v,u)}$, $\forall u,v \in X$,

(2) $(au,v) = a(u,v)$, $a \in K$, $u,v \in X$,

(3) $(u+v,w) = (u,w) + (v,w)$, $\forall u,v,w \in X$,

(4) $(u,u) \geqslant 0$,当且仅当$u = 0$时,$(u,u) = 0$,

则称(u,v)为X上u与v的内积。定义了内积的线性空间称为内积空间。定义中条件(1)的右端$\overline{(u,v)}$称为(u,v)的共轭,当K为实数域$\mathbb{R}$时,条件(1)为$(u,v) = (v,u)$。

如果$(u,v)=0$,则称 u 与 v 正交,这是向量相互垂直概念的推广。关于内积空间的性质有以下重要定理。

定理 3.1 设 X 为一个内积空间,对 $\forall u,v \in X$,有

$$|(u,v)|^2 \leqslant (u,u)(v,v)$$

称其为柯西–施瓦茨(Cauchy-Schwarz)不等式。

证明:当 $v=0$ 时,不等式显然成立。现设 $v \neq 0$, 则 $(v,v) > 0$ 且对任何数 λ 有

$$0 \leqslant (u+\lambda v, u+\lambda v) = (u,u) + 2\lambda(u,v) + \lambda^2(v,v)$$

取 $\lambda = -(u,v)/(v,v)$,代入上式右端,得

$$(u,u) - 2\frac{|(u,v)|^2}{(v,v)} + \frac{|(u,v)|^2}{(v,v)} \geqslant 0$$

由此即得 $v \neq 0$ 时

$$|(u,v)|^2 \leqslant (u,u)(v,v)$$

证毕。

定理 3.2 设 X 为一个内积空间,对 $u_1,u_2,\cdots,u_n \in X$,矩阵

$$\boldsymbol{G} = \begin{pmatrix} (u_1,u_1) & (u_2,u_1) & \cdots & (u_n,u_1) \\ (u_1,u_2) & (u_2,u_2) & \cdots & (u_n,u_2) \\ \vdots & \vdots & & \vdots \\ (u_1,u_n) & (u_2,u_n) & \cdots & (u_n,u_n) \end{pmatrix}$$

称为格拉姆(Gram)矩阵。矩阵 $\boldsymbol{G}$ 非奇异的充分必要条件是 $u_1,u_2,\cdots,u_n$ 线性无关。

证明:$\boldsymbol{G}$ 非奇异等价于 $\det\boldsymbol{G} \neq 0$,其充分必要条件是关于 $\alpha_1,\alpha_2,\cdots,\alpha_n$ 的齐次方程组

$$\left(\sum_{j=1}^{n}\alpha_j u_j, u_k\right) = \sum_{j=1}^{n}(u_j,u_k)\alpha_j = 0,\ k=1,2,\cdots,n \tag{3.1.1}$$

只有零解,而

$$\sum_{j=1}^{n}\alpha_j u_j = \alpha_1 u_1 + \alpha_2 u_2 + \cdots + \alpha_n u_n = 0 \tag{3.1.2}$$

$$\Leftrightarrow\left(\sum_{j=1}^{n}\alpha_j u_j, \sum_{j=1}^{n}\alpha_j u_j\right) = 0$$

$$\Leftrightarrow\left(\sum_{j=1}^{n}\alpha_j u_j, u_k\right) = 0,k=1,2,\cdots,n$$

从以上等价关系可知, $\det\boldsymbol{G} \neq 0$ 等价于从式(3.1.1)推出 $\alpha_1=\alpha_2=\cdots=\alpha_n=0$,而后者等价于从式(3.1.2) 推出 $\alpha_1=\alpha_2=\cdots=\alpha_n=0$,即 $u_1,u_2,\cdots,u_n$ 线性无关。

证毕。

若给定实数 $w_i > 0(i=1,2,\cdots,n)$,则称$\{w_i\}$ 为权系数,则在 $\mathbb{R}^n$ 上可定义加权内积为

$$(x,y) = \sum_{i=1}^{n} w_i x_i y_i$$

在 $\mathbb{C}[a,b]$ 上也可以类似定义带权内积,为此先给出权函数的定义。

定义 3.2 设 $[a,b]$ 是有限或无限区间,在 $[a,b]$ 上的非负函数 $\rho(x)$ 满足条件:

(1) $\int_a^b x^k \rho(x)\mathrm{d}x$ 存在且为有限值 $(k=0,1,\cdots)$,

(2)对 $[a,b]$ 上的非负连续函数 $g(x)$,如果 $\int_a^b g(x)\rho(x)\mathrm{d}x = 0$,则 $g(x)\equiv 0$,

则称 $\rho(x)$ 为 $[a,b]$ 上的一个权函数。

例 3.1 对于 $\mathbb{C}[a,b]$ 上的内积,设 $f(x),g(x)\in\mathbb{C}[a,b]$,$\rho(x)$ 为 $[a,b]$ 上给定的权函数,则可定义内积

$$(f(x),g(x)) = \int_a^b \rho(x)f(x)g(x)\mathrm{d}x \tag{3.1.3}$$

称式(3.1.3)为带权 $\rho(x)$ 的内积,特别在 $\rho(x)\equiv 1$ 时,可简化为

$$(f(x),g(x)) = \int_a^b f(x)g(x)\mathrm{d}x$$

若 $\varphi_1,\varphi_2,\cdots,\varphi_n$ 是 $\mathbb{C}[a,b]$ 中线性无关函数族,记 $\Phi=\mathrm{span}\{\varphi_1,\varphi_2,\cdots,\varphi_n\}$,它的格拉姆矩阵为

$$\boldsymbol{G} = G(\varphi_1,\varphi_2,\cdots,\varphi_n) = \begin{pmatrix} (\varphi_1,\varphi_1) & (\varphi_2,\varphi_1) & \cdots & (\varphi_n,\varphi_1) \\ (\varphi_1,\varphi_2) & (\varphi_2,\varphi_2) & \cdots & (\varphi_n,\varphi_2) \\ \vdots & \vdots & & \vdots \\ (\varphi_1,\varphi_n) & (\varphi_2,\varphi_n) & \cdots & (\varphi_n,\varphi_n) \end{pmatrix}$$

根据定理 3.2 可知,$\varphi_1,\varphi_2,\cdots,\varphi_n$ 线性无关的充分必要条件是 $\det\boldsymbol{G}\neq 0$。

3.1.2 最佳逼近

函数逼近主要讨论给定 $f(x)\in\mathbb{C}[a,b]$,求它的最佳逼近函数。若存在

$$p^*(x)\in\Phi=\mathrm{span}\{\varphi_1,\varphi_2,\cdots,\varphi_n\}$$

使误差

$$\|f(x)-p^*(x)\| = \min_{p\in H_n}\|f(x)-p(x)\|$$

则称 $p^*(x)$ 为 $f(x)$ 在 $[a,b]$ 上的最佳逼近函数。通常,范数 $\|\cdot\|$ 取为 $\|\cdot\|_\infty$ 或 $\|\cdot\|_2$。

若范数 $\|\cdot\|$ 取为 $\|\cdot\|_\infty$,即

$$\|f(x)-p^*(x)\|_\infty = \min_{p\in\Phi}\|f(x)-p(x)\|_\infty = \min_{p\in\Phi}\max_{a\leqslant x\leqslant b}|f(x)-p(x)|$$

则称 $p^*(x)$ 为 $f(x)$ 在 $[a,b]$ 上的最优一致逼近函数。这时求 $p^*(x)$ 就是求 $[a,b]$ 上使误差 $\max\limits_{a\leqslant x\leqslant b}|f(x)-p(x)|$ 最小的函数。

若范数 $\|\cdot\|$ 取为 $\|\cdot\|_2$,即

$$\|f(x)-p^*(x)\|_2^2 = \min_{p\in\Phi}\|f(x)-p(x)\|_2^2 = \min_{p\in\Phi}\int_a^b[f(x)-p(x)]^2\mathrm{d}x$$

则称 $p^*(x)$ 为 $f(x)$ 在 $[a,b]$ 上的最佳平方逼近函数。

若 $f(x)$ 是 $[a,b]$ 上的一个列表函数,在 $a\leqslant x_0\leqslant x_1\leqslant\cdots\leqslant x_m\leqslant b$ 上给出 $f(x_i)$ $(i=0,2,\cdots,m)$,要求 $p^*(x)\in\Phi$ 使

$$\| f(x) - p^*(x) \|_2^2 = \min_{p\in\Phi} \sum_{i=0}^{m} [f(x_i) - p(x_i)]^2$$

则称 $p^*(x)$ 为 $f(x)$ 的最小二乘拟合函数。

本章将着重讨论如何构造最佳平方逼近多项式和最小二乘拟合多项式。

3.2 正交多项式

正交多项式是函数逼近的重要工具,在数值积分中也有着重要的应用。

3.2.1 正交函数族与正交多项式

定义 3.3 若 $f(x),g(x) \in \mathbb{C}[a,b]$,$\rho(x)$ 为 $[a,b]$ 上的权函数且满足

$$(f(x),g(x)) = \int_a^b \rho(x)f(x)g(x)\,dx = 0$$

则称 $f(x)$ 与 $g(x)$ 在 $[a,b]$ 上带权 $\rho(x)$ 正交。若函数族 $\varphi_0(x),\varphi_1(x),\cdots,\varphi_n(x),\cdots$ 满足以下关系

$$(\varphi_j,\varphi_k) = \int_a^b \rho(x)\varphi_j(x)\varphi_k(x)\,dx = \begin{cases} 0, & j \neq k \\ A_k > 0, & j = k \end{cases} \tag{3.2.1}$$

则称 $\{\varphi_k(x)\}$ 为 $[a,b]$ 上带权 $\rho(x)$ 的正交函数族。若 $A_k \equiv 1$,则称为标准正交函数族。

例如,三角函数族

$$1,\cos x,\sin x,\cos(2x),\sin(2x),\cdots$$

就是在区间 $[-\pi,\pi]$ 上的正交函数族,因为对 $k=1,2,\cdots$ 有

$$(1,1) = 2\pi,\ (\sin(k\pi),\sin(k\pi)) = (\cos(k\pi),\cos(k\pi)) = \pi$$

且当 $k=1,2,\cdots$ 时,有

$$(\cos(k\pi),\cos(k\pi)) = (1,\cos(k\pi)) = (1,\sin(k\pi)) = 0$$

而对 $k,j=1,2,\cdots$,当 $k\neq j$ 时有

$$(\cos(kx),\cos(jx)) = (\sin(kx),\sin(jx)) = (\cos(kx),\sin(jx)) = 0$$

定义 3.4 设 $\varphi_n(x)$ 是 $[a,b]$ 上首项系数 $a_n \neq 0$ 的 n 次多项式,$\rho(x)$ 是 $[a,b]$ 上的权函数。如果多项式序列 $\{\varphi_n(x)\}_0^\infty$ 满足关系式(3.2.1),则称多项式序列 $\{\varphi_n(x)\}_0^\infty$ 在 $[a,b]$ 上带权 $\rho(x)$ 正交,称 $\varphi_n(x)$ 为 $[a,b]$ 上带权 $\rho(x)$ 的 n 次多项式。

只要给定区间 $[a,b]$ 及权函数 $\rho(x)$,即可由一族线性无关的幂函数 $\{1,x,\cdots,x^n,\cdots\}$ 利用逐个正交化手续构造出正交多项式序列 $\{\varphi_n(x)\}_0^\infty$。

$$\varphi_0(x) = 1$$

$$\varphi_n(x) = x^n - \sum_{j=0}^{n-1} \frac{(x^n,\varphi_j(x))}{(\varphi_j(x),\varphi_j(x))}\varphi_j(x) \qquad n=1,2,\cdots$$

这样得到的正交多项式 $\varphi_n(x)$ 的最高项系数为 1。

3.2.2 勒让德多项式

当区间为 $[-1,1]$，权函数 $\rho(x)\equiv 1$ 时，由 $\{1,x,\cdots,x^n,\cdots\}$ 正交化得到的多项式称为勒让德(Legendre)多项式，并用 $P_0(x),P_1(x),\cdots,P_n(x),\cdots$ 表示。这是勒让德于 1785 年引进的。1814 年，罗德利克(Rodrigul)给出了勒让德多项式的简单表达式

$$P_0(x)=1,\ P_n(x)=\frac{1}{2^n n!}\frac{\mathrm{d}^n}{\mathrm{d}x^n}(x^2-1)^n,\ n=1,2,\cdots$$

由于 $(x^2-1)^n$ 是 $2n$ 次多项式，求 n 阶导数后得

$$P_n(x)=\frac{1}{2^n n!}(2n)(2n-1)\cdots(n+1)x^n+a_{n-1}x^{n-1}+\cdots+a_0$$

于是得首项 x^n 的系数 $a_n=\dfrac{(2n)!}{2^n(n!)^2}$。显然最高项系数为 1 的勒让德多项式为

$$P_n(x)=\frac{n!}{(2n)!}\frac{\mathrm{d}^n}{\mathrm{d}x^n}(x^2-1)^n$$

3.3 最佳平方逼近

3.3.1 最佳平方逼近及其计算

对于区间 $[a,b]$ 上一般的最佳平方逼近问题，$f(x)\in\mathbb{C}[a,b]$ 及 $\mathbb{C}[a,b]$ 中的一个子集 $\varphi=\mathrm{span}\{\varphi_0(x),\varphi_1(x),\cdots,\varphi_n(x)\}$，若存在 $S^*(x)\in\varphi$，使

$$\begin{aligned}\|f(x)-S^*(x)\|_2^2&=\min_{S(x)\in\varphi}\|f(x)-S(x)\|_2^2\\&=\min_{S(x)\in\varphi}\int_a^b\rho(x)\,[f(x)-S(x)]^2\mathrm{d}x\end{aligned}\tag{3.3.1}$$

则称 $S^*(x)$ 为 $f(x)$ 在子集 $\varphi\in\mathbb{C}[a,b]$ 中的最佳平方逼近函数。为了求 $S^*(x)$，由式(3.3.1)可知该问题等价于求多元函数

$$I(a_0,a_1,\cdots,a_n)=\int_a^b\rho(x)\left[\sum_{j=0}^n a_j\varphi_j(x)-f(x)\right]^2\mathrm{d}x\tag{3.3.2}$$

的最小值问题。由于 $I(a_0,a_1,\cdots,a_n)$ 是关于 $a_0,a_1,\cdots,a_n$ 的二次函数，利用多元函数求极值的必要条件有

$$\frac{\partial I}{\partial a_k}=0,\ k=0,1,\cdots,n$$

即

$$\frac{\partial I}{\partial a_k}=2\int_a^b\rho(x)\left[\sum_{j=0}^n a_j\varphi_j(x)-f(x)\right]\varphi_k(x)\mathrm{d}x=0,\ k=0,1,\cdots,n$$

于是有

$$\sum_{j=0}^{n}(\varphi_j(x),\varphi_k(x))a_j=(f(x),\varphi_k(x)),\ k=0,1,\cdots,n \tag{3.3.3}$$

这是关于 $a_0,a_1,\cdots,a_n$ 的线性方程组，称为法方程。由于 $\varphi_0(x),\varphi_1(x),\cdots,\varphi_n(x)$ 线性无关，故系数 $\det\boldsymbol{G}(\varphi_0(x),\varphi_1(x),\cdots,\varphi_n(x))\neq 0$。于是线性方程组(3.3.3)有唯一解 $a_k=a_k^*(k=0,1,\cdots,n)$，从而得到

$$S^*(x)=a_0^*\varphi_0(x)+\cdots+a_n^*\varphi_n(x)$$

若令 $\delta(x)=f(x)-S^*(x)$，则最佳平方逼近的误差为

$$\begin{aligned}\|\delta(x)\|_2^2&=(f(x)-S^*(x),f(x)-S^*(x))\\&=(f(x),f(x))-(S^*(x),f(x))\\&=\|f(x)\|_2^2-\sum_{k=0}^{n}a_k^*(\varphi_k(x),f(x))\end{aligned}$$

若取 $\varphi_k(x)=x^k,\rho(x)\equiv 1,f(x)\in\mathbb{C}[0,1]$，则通过上述过程构造出的 $S^*(x)$ 称为 n 次最佳平方逼近多项式

$$S^*(x)=a_0^*+a_1^*x+\cdots+a_n^*x^n$$

此时

$$(\varphi_j(x),\varphi_k(x))=\int_0^1 x^{k+j}\mathrm{d}x=\frac{1}{k+j+1}$$

$$(f(x),\varphi_k(x))=\int_0^1 x^k\mathrm{d}x=d_k$$

用 $\boldsymbol{H}$ 表示 $\boldsymbol{G}_n=G(1,x,\cdots,x^n)$ 对应的矩阵，即

$$\boldsymbol{H}=\begin{vmatrix}1&\frac{1}{2}&\cdots&\frac{1}{n+1}\\\frac{1}{2}&\frac{1}{3}&\cdots&\frac{1}{n+2}\\\vdots&\vdots&&\vdots\\\frac{1}{n+1}&\frac{1}{n+2}&\cdots&\frac{1}{2n+1}\end{vmatrix}$$

称 $\boldsymbol{H}$ 为希尔伯特(Hilbert)矩阵。记 $\boldsymbol{a}=(a_0,a_1,\cdots,a_n)^{\mathrm{T}},\boldsymbol{d}=(d_0,d_1,\cdots,d_n)^{\mathrm{T}}$，则

$$\boldsymbol{Ha}=\boldsymbol{d}$$

的解 $a_k=a_k^*(k=0,1,\cdots,n)$ 即为所求。

例 3.2 设 $f(x)=\sqrt{1-x^2}$，求[0,1]上的一次最佳平方逼近多项式。

解：

$$d_0=\int_0^1\sqrt{1+x^2}\,\mathrm{d}x=\frac{1}{2}\ln(1+\sqrt{2})+\frac{\sqrt{2}}{2}\approx 1.147$$

$$d_1=\int_0^1 x\sqrt{1+x^2}\,\mathrm{d}x=\frac{1}{3}(1+x^2)^{3/2}\Big|_0^1=\frac{2\sqrt{2}-1}{3}\approx 0.609$$

得线性方程组

$$\begin{pmatrix} 1 & \frac{1}{2} \\ \frac{1}{2} & \frac{1}{3} \end{pmatrix} \begin{pmatrix} a_0 \\ a_1 \end{pmatrix} = \begin{pmatrix} 1.147 \\ 0.609 \end{pmatrix}$$

解出 $a_0 = 0.934$, $a_1 = 0.426$,故

$$S_1^*(x) = 0.934 + 0.426x$$

平方逼近的误差为

$$\begin{aligned} \| \delta(x) \|_2^2 &= (f(x), f(x)) - (S^*(x), f(x)) \\ &= \int_0^1 (1 + x^2)\,\mathrm{d}x - 0.426d_1 - 0.934d_0 \\ &= 0.0026 \end{aligned}$$

最大误差

$$\| \delta(x) \|_\infty = \max_{0 \leqslant x \leqslant 1} \left| \sqrt{1 + x^2} - S_1^*(x) \right| \approx 0.066$$

一般情况下,我们习惯利用 $\{1, x, \cdots, x^n\}$ 作基来求最佳平方逼近多项式,但是当 n 较大时,希尔伯特矩阵 $\boldsymbol{H}$ 是病态的(见第 5 章),因此,利用上述方法求解最佳平方逼近函数是相当困难的。为此,我们采用正交多项式作为基函数。

3.3.2 用正交函数族做最佳平方逼近

设 $f(x) \in \mathbb{C}[0,1]$, $\varphi = \mathrm{span}\{\varphi_0(x), \varphi_1(x), \cdots, \varphi_n(x)\}$。若 $\varphi_0(x), \varphi_1(x), \cdots, \varphi_n(x)$ 是满足条件(3.2.1)的正交函数族,则 $(\varphi_i(x), \varphi_j(x)) = 0, i \neq j$, 而 $(\varphi_i(x), \varphi_j(x)) > 0$,故法方程(3.3.3) 的系数矩阵 $\boldsymbol{G}_n = G(\varphi_0(x), \varphi_1(x), \cdots, \varphi_n(x))$ 为非奇异对角阵,且方程(3.3.3)的解为

$$a_k^* = (f(x), \varphi_k(x)) / (\varphi_k(x), \varphi_k(x)),\ k = 0, 1, \cdots, n$$

于是 $f(x) \in \mathbb{C}[a,b]$ 在 φ 中的最佳平方逼近函数为

$$S^*(x) = \sum_{k=0}^{n} \frac{(f(x), \varphi_k(x))}{\| \varphi_k(x) \|_2^2} \varphi_k(x)$$

此时最佳平方逼近的误差为

$$\begin{aligned} \| \delta_n(x) \|_2 &= \| f(x) - S_n^*(x) \|_2 \\ &= \left\{ \| f(x) \|_2^2 - \sum_{k=0}^{n} \left[\frac{(f(x), \varphi_k(x))}{\| \varphi_k(x) \|_2} \right]^2 \right\}^{\frac{1}{2}} \end{aligned}$$

3.4 曲线拟合的最小二乘法

在函数的最佳平方逼近中,如果函数 $f(x)$ 未知,我们只测得了一组离散点集

$$\{x_i, y_i = f(x_i), i = 0, 1, \cdots, m\}$$

如何根据这一组离散点集来构造最佳平方逼近函数,这就是科学试验中经常见到的试

验数据的曲线拟合，即要求一个函数 $y=S^*(x)$，与所给数据$\{x_i,y_i=f(x_i),i=0,1,\cdots,m\}$拟合。记误差 $\delta_i=S^*(x_i)-y_i(i=0,1,\cdots,m)$，$\boldsymbol{\delta}=(\delta_0,\delta_1,\cdots,\delta_m)^{\mathrm{T}}$，设 $\varphi_0(x),\varphi_1(x),\cdots,\varphi_n(x)$ 是 $\mathbb{C}[a,b]$ 上的线性无关函数族，在 $\varphi=\mathrm{span}\{\varphi_0(x),\varphi_1(x),\cdots,\varphi_n(x)\}$ 中找一函数 $S^*(x)$，使误差平方和

$$\|\boldsymbol{\delta}\|_2^2=\sum_{i=0}^m\delta_i^2=\sum_{i=0}^m[S^*(x_i)-y_i]^2=\min_{S(x)\in\varphi}\sum_{i=0}^m[S(x_i)-y_i]^2 \tag{3.4.1}$$

这里

$$S(x)=a_0\varphi_0(x)+a_1\varphi_1(x)+\cdots+a_n\varphi_n(x),n<m \tag{3.4.2}$$

这就是一般的最小二乘逼近，或称为曲线拟合的最小二乘法。

为了使问题的提法更有一般性，通常在最小二乘法中，$\|\boldsymbol{\delta}\|_2^2$ 都考虑为加权平方和

$$\|\boldsymbol{\delta}\|_2^2=\sum_{i=0}^m\omega(x_i)[S(x_i)-y_i]^2 \tag{3.4.3}$$

这里 $\omega(x)\geqslant 0$ 是 $[a,b]$ 上的权函数，它表示不同点 $(x_i,f(x_i))$ 处的数据比重不同。用最小二乘法求拟合曲线的问题，就是在形如式(3.4.2)的 $S(x)$ 中求一函数 $y=S^*(x)$，使式(3.4.3)取得最小值。它可转化为求多元函数

$$I(a_0,a_1,\cdots,a_n)=\sum_{i=0}^m\omega(x_i)[a_j\varphi(x_i)-f(x_i)]^2 \tag{3.4.4}$$

的极小值点 $(a_0^*,a_1^*,\cdots,a_n^*)$ 的问题。这与第 3 节讨论的问题完全类似。由求多元函数极值的必要条件，有

$$\frac{\partial I}{\partial a_k}=2\sum_{i=0}^m\omega(x_i)\left[\sum_{j=0}^n a_j\varphi_j(x_i)-f(x_i)\right]\varphi_k(x_i)=0,\ k=0,1,\cdots,n$$

若记

$$(\varphi_j,\varphi_k)=\sum_{i=0}^m\omega(x_i)\varphi_j(x_i)\varphi_k(x_i) \tag{3.4.5}$$

$$(f,\varphi_k)=\sum_{i=0}^m\omega(x_i)f(x_i)\varphi_k(x_i)\equiv d_k,\ k=0,1,\cdots,n$$

则上式可改写为

$$\sum_{i=0}^m(\varphi_k,\varphi_j)=d_k,\ k=0,1,\cdots,n$$

可将其写成矩阵形式

$$\boldsymbol{Ga}=\boldsymbol{d} \tag{3.4.6}$$

其中

$$\boldsymbol{a}=(a_0,a_1,\cdots,a_n)^{\mathrm{T}}$$
$$\boldsymbol{d}=(d_0,d_1,\cdots,d_n)^{\mathrm{T}}$$
$$\boldsymbol{G}=\begin{pmatrix}(\varphi_0,\varphi_0)&(\varphi_0,\varphi_1)&\cdots&(\varphi_0,\varphi_n)\\(\varphi_1,\varphi_0)&(\varphi_1,\varphi_1)&\cdots&(\varphi_1,\varphi_n)\\\vdots&\vdots&&\vdots\\(\varphi_n,\varphi_0)&(\varphi_n,\varphi_1)&\cdots&(\varphi_n,\varphi_n)\end{pmatrix} \tag{3.4.7}$$

要使法方程[式(3.4.6)]有唯一解 $a_0,a_1,\cdots,a_n$，就要求矩阵 $\boldsymbol{G}$ 非奇异。但是，$\varphi_0(x)$，$\varphi_1(x),\cdots,\varphi_n(x)$ 在 $[a,b]$ 上线性无关不能推出矩阵 $\boldsymbol{G}$ 非奇异。例如 $\varphi_0(x)=\sin x$，$\varphi_1(x)=\sin(2x)$，$x\in[0,2\pi]$，显然 $\{\varphi_0(x),\varphi_1(x)\}$ 在 $[0,2\pi]$ 上线性无关。但若取点 $x_k=k\pi,k=0,1,2(n=1,m=2)$，那么有 $\varphi_0(x_k)=\varphi_1(x_k)=0,k=0,1,2$，由此得出

$$\boldsymbol{G}=\begin{pmatrix}(\varphi_0,\varphi_0) & (\varphi_0,\varphi_1)\\(\varphi_1,\varphi_0) & (\varphi_1,\varphi_1)\end{pmatrix}=0$$

为保证法方程[式(3.4.6)]的系数矩阵 $\boldsymbol{G}$ 非奇异，必须加上另外的条件。

定义 3.5 设 $\varphi_0(x),\varphi_1(x),\cdots,\varphi_n(x)\in\mathbb{C}[a,b]$ 的任意线性组合在点集 $\{x_i,i=0,1,\cdots,m\}$ $(m\geqslant n)$ 上至多只有 n 个不同的零点，则称 $\varphi_0(x),\varphi_1(x),\cdots,\varphi_n(x)$ 在点集 $\{x_i,i=0,1,\cdots,m\}$ 上满足哈尔(*Haar*)条件。

显然 $1,x,\cdots,x^n$ 在任意 m $(m\geqslant n)$ 个点上满足哈尔条件。

可以证明，如果 $\varphi_0(x),\varphi_1(x),\cdots,\varphi_n(x)\in\mathbb{C}[a,b]$ 在 $\{x_i\}_0^m$ 上满足哈尔条件，则法方程[式(3.4.6)]的系数矩阵[式(3.4.7)]非奇异，于是法方程[式(3.4.6)]存在唯一的解 $a_k=a_k^*$，$k=0,1,\cdots,n$。从而，函数 $f(x)$ 的最小二乘解为

$$S^*(x)=a_0^*\varphi_0(x)+a_1^*\varphi_1(x)+\cdots+a_n^*\varphi_n(x)$$

可以证明，这样得到的 $S^*(x)$，对任何形如式(3.4.2) 的 $S(x)$ 都有

$$\sum_{i=0}^{m}\omega(x_i)\,[S^*(x_i)-f(x_i)]^2\leqslant\sum_{i=0}^{m}\omega(x_i)\,[S(x_i)-f(x_i)]^2$$

例 3.3 已知一组试验数据如表 3.1 所示，求它的拟合曲线。

表 3.1 试验数据

x_i	1	2	3	4	5
f_i	4	4.5	6	8	8.5
ω_i	2	1	3	1	1

解：根据所给数据，可以发现各点在一条直线附近，故可选择线性函数作拟合曲线，即令 $S_1(x)=a_0+a_1x$，这里 $m=4,n=1,\varphi_0(x)=1,\varphi_1(x)=x$，故

$$(\varphi_0,\varphi_0)=\sum_{i=0}^{4}\omega_i=8$$

$$(\varphi_0,\varphi_1)=(\varphi_1,\varphi_0)=\sum_{i=0}^{4}\omega_ix_i=22$$

$$(\varphi_1,\varphi_1)=\sum_{i=0}^{4}\omega_ix_i^2=74,\ (\varphi_0,f)=\sum_{i=0}^{4}\omega_if_i=47$$

$$(\varphi_1,f)=\sum_{i=0}^{4}\omega_ix_if_i=145.5$$

由法方程[式(3.4.6)]得线性方程组

$$\begin{cases}8a_0+22a_1=47\\22a_0+74a_1=145.5\end{cases}$$

解得 $a_0=2.5648,a_1=1.2037$。于是所求拟合曲线为

$$S_1^*(x) = 2.5648 + 1.2037x$$

习题

1. 求 $f(x) = |x|, x \in [-1,1]$，在 $\varphi_1 = \{1, x, x^2\}$ 上的最佳平方逼近函数。

2. 已知函数值如表 3.2 所示，求它的二次最佳平方逼近多项式。

表 3.2　函数值一

x	−1	0	1	2
y	1	3	5	−1

3. 已知函数值如表 3.3 所示，利用最小二乘法求形如 $S(x) = c_1 + c_2x + c_3x^2$ 的拟合函数。

表 3.3　函数值二

x	1.2	1.7	2.2	2.7	3.3	3.8
y	8.403	13.333	21.739	31.250	43.478	62.500

4. 求 $f(x) = \sqrt{1 + x^2}$ 在 $[0,1]$ 上的最佳一次逼近多项式。

第4章

数值积分和数值微分

4.1 数值积分的基本思想

一般情况下,积分的运算都会利用到微积分基本定理

$$\int_a^b f(x)\,\mathrm{d}x = F(b) - F(a)$$

这需要找到被积函数 $f(x)$ 的原函数 $F(x)$。一旦遇到不好求原函数的被积函数,例如 $\dfrac{\sin x}{x}(x \neq 0)$, e^{-x^2} 等,由于其原函数不能用初等函数表达,此时,利用微积分基本定理求积分就不适用了。此外,即使有时能求得原函数,在积分时运算也会十分困难。例如对于被积函数 $f(x) = \dfrac{1}{1+x^6}$,其原函数为

$$F(x) = \frac{1}{3}\arctan x + \frac{1}{6}\arctan\left(x - \frac{1}{x}\right) + \frac{1}{4\sqrt{3}}\ln\frac{x^2+\sqrt{3}x+1}{x^2-\sqrt{3}x+1} + C$$

计算 $F(a)$、$F(b)$ 仍然很困难。除此之外,在工程领域中,往往不知道被积函数 $f(x)$,只能通过测量或数值计算给出某些点上的函数值,此时微积分基本定理也不能直接运用。为了解决上述问题的求积分问题,有必要研究积分的数值方法。

根据积分中值定理,在区间 $[a,b]$ 上存在一点 ξ,满足

$$\int_a^b f(x)\,\mathrm{d}x = (b-a)f(\xi)$$

问题在于点 ξ 的具体位置一般是不知道的,因而难以准确计算出 $f(\xi)$ 的值。在无法利用微积分基本定理求解积分时,可以通过找到 $f(\xi)$ 的近似值,从而计算出原积分的近似数值结果。

如果利用区间中点 $c = \dfrac{a+b}{2}$ 的"高度" $f(c)$ 近似替代 $f(\xi)$,则可得到一个近似计算数值积分的公式,即

$$\int_a^b f(x)\,\mathrm{d}x \approx (b-a)f\left(\frac{a+b}{2}\right)$$

称为中矩形公式。

如果利用两端点“高度”$f(a)$ 与 $f(b)$ 的算术平均值作为平均高度 $f(\xi)$ 的近似值，这样导出的求积公式

$$\int_a^b f(x)\,\mathrm{d}x \approx \frac{b-a}{2}[f(a)+f(b)]$$

称为计算数值积分的梯形公式。

通过观察中矩形公式和梯形公式，得到一种构造数值积分公式的方法，即可以在区间 $[a,b]$ 上适当选取某些节点 x_k，然后用 $f(x_k)$ 的加权平均得到平均高度 $f(\xi)$ 的近似值，这样构造出的求积公式具有下列形式

$$\int_a^b f(x)\,\mathrm{d}x \approx \sum_{k=0}^{n} A_k f(x_k) \tag{4.1.1}$$

其中，x_k 为求积节点；A_k 为求积系数，亦称伴随节点 x_k 的权。权 A_k 仅仅与节点 x_k 的选取有关，而不依赖于被积函数 $f(x)$ 的具体形式。

形如式(4.1.1)的数值积分方法通常称为机械求积。其特点是将积分的计算归结为被积函数值的计算，这样就避开了微积分基本定理中需要寻求原函数的困难，非常适合在计算机上使用。

数值求积的方法是近似方法，为保证精度，我们自然希望求积公式能对“尽可能多”的函数准确地成立，这就提出了代数精度的概念。

定义 4.1　如果某个求积公式对于次数不超过 m 的多项式均能准确地成立，但对于 m+1次多项式不能准确地成立，则称该求积公式具有 m 次**代数精度**（或**代数精确度**）。

不难验证，中矩形公式和梯形公式均具有 1 次代数精度。那么，为了构造具有更高次代数精度的数值积分公式，我们需要怎么做呢？

一般地，欲使求积公式[式(4.1.1)]具有 m 次代数精度，只要令它对于 $f(x)=1,x,\cdots,x^m$ 都能准确地成立即可，这就要求

$$\begin{cases} \sum_{k=0}^{n} A_k = b-a \\ \sum_{k=0}^{n} A_0 x_k = \frac{1}{2}(b^2-a^2) \\ \vdots \\ \sum_{k=0}^{n} A_k x_k^m = \frac{1}{m+1}(b^{m+1}-a^{m+1}) \end{cases}$$

如果我们事先选定求积节点 x_k，譬如，以区间 $[a,b]$ 的等距分点作为节点，这时取 $m=n$，求解上述线性方程组即可确定求积系数 A_k，从而使求积公式[式(4.1.1)]至少具有 n 次代数精度。利用该方法可求得相应的数值积分公式，详见 4.2 节。

按照代数精度的定义，如果求积公式中除了 $f(x_i)$ 还有 $f'(x)$ 在某些节点上的值，也同

样可得到相应的求积公式。

例 4.1 给定形如 $\int_0^1 f(x)\mathrm{d}x \approx A_0 f(0) + A_1 f(1) + B_0 f'(0)$ 的求积公式,试确定系数 A_0、A_1、B_0,使公式有尽可能高的代数精度。

解:

根据题意可令 $f(x) = 1, x, x^2$,将其分别代入求积公式使它能准确地成立:

当 $f(x) = 1$ 时,得

$$A_0 + A_1 = \int_0^1 1\mathrm{d}x = 1$$

当 $f(x) = x$ 时,得

$$A_1 + B_0 = \int_0^1 x\mathrm{d}x = \frac{1}{2}$$

当 $f(x) = x^2$ 时,得

$$A_1 = \int_0^1 x^2\mathrm{d}x = \frac{1}{3}$$

解得 $A_0 = \frac{2}{3}, A_1 = \frac{1}{3}, B_0 = \frac{1}{6}$。于是有

$$\int_0^1 f(x)\mathrm{d}x \approx \frac{2}{3}f(0) + \frac{1}{3}f(1) + \frac{1}{6}f'(0)$$

当 $f(x) = x^3$ 时, $\int_0^1 x^3\mathrm{d}x = \frac{1}{4}$。而上式右端为 $\frac{1}{3}$,故公式对 $f(x) = x^3$ 不能准确地成立,所以其代数精度为 2。

4.2 插值型求积公式

设给定一组节点

$$a \leqslant x_0 < x_1 < x_2 < \cdots < x_n \leqslant b$$

且已知函数 $f(x)$ 在这些节点上的值,求插值函数 $L_n(x)$。我们取 $I_n = \int_a^b L_n(x)\mathrm{d}x$ 作为积分 $I = \int_a^b f(x)\mathrm{d}x$ 的近似值,这样构造出来的求积公式 $I_n = \sum_{k=0}^{n} A_k f(x_k)$ 称为插值型的。式中求积系数 A_k 可通过插值基函数 $l_k(x)$ 积分得出,即 $A_k = \int_a^b l_k(x)\mathrm{d}x, k = 0,1\cdots,n$。

求积公式的余项为

$$R[f] = \int_a^b [f(x) - L_n(x)]\mathrm{d}x = \int_a^b R_n(x)\mathrm{d}x$$

其中

$$R_n(x) = \frac{f^{n+1}(\xi)}{(n+1)!}\omega_{n+1}(x), \xi \text{ 依赖于 } x \tag{4.1.2}$$

$$\omega_{n+1}(x) = (x - x_0)(x - x_1)\cdots(x - x_n)$$

如果求积公式 $I_n = \sum_{k=0}^{n} A_k f(x_k)$ 是插值型的,按 $R[f]$ 的表达式,对于次数不超过 n 的多项式 $f(x)$,其余项 $R[f]$ 等于零,因而这时求积公式至少具有 n 次代数精度。

反之,如果求积公式 $I_n = \sum_{k=0}^{n} A_k f(x_k)$ 至少具有 n 次代数精度,则它必是插值型的。实际上,这时公式 $I_n = \sum_{k=0}^{n} A_k f(x_k)$ 对于特殊的 n 次多项式——插值基函数 $l_k(x)$ 应准确地成立,即有

$$\int_a^b l_k(x)\,\mathrm{d}x = \sum_{j=0}^{n} A_j l_k(x_j)$$

注意到 $l_k(x_j) = \delta_{kj}$, 上式右端实际上等于 A_k, 因而 $A_k = \int_a^b l_k(x)\,\mathrm{d}x, k = 0,1\cdots,n$。

成立。

综上所述,我们有下面的结论。

定理4.1 形如 $I_n = \sum_{k=0}^{n} A_k f(x_k)$ 的求积公式至少有 n 次代数精度的充分必要条件是,它是插值型的。

若求积公式[式(4.1.1)]的代数精度为 m,则由求积公式余项的表达式 $R[f]$ 可将余项表示为

$$R[f] = \int_a^b f(x)\,\mathrm{d}x - \sum_{k=0}^{n} A_k f(x_k) = Kf^{(m+1)}(\eta) \tag{4.2.1}$$

其中, K 为不依赖于 $f(x)$ 的待定参数, $\eta \in (a,b)$。这个结果表明当 $f(x)$ 是次数小于等于 m 的多项式时,由于 $f^{m+1}(x) = 0$,故此时 $R[f] = 0$,即求积公式[式(4.1.1)]准确地成立。而当 $f(x) = x^{m+1}$ 时, $f^{m+1}(x) = (m+1)!$,式(4.1.2)的左端 $R_n(x) \neq 0$,故可求得

$$\begin{aligned} K &= \frac{1}{(m+1)!}\left[\int_a^b x^{m+1}\,\mathrm{d}x - \sum_{k=0}^{n} A_k x_k^{m+1}\right] \\ &= \frac{1}{(m+1)!}\left[\frac{1}{m+2}(b^{m+2} - a^{m+2}) - \sum_{k=0}^{n} A_k x_k^{m+1}\right] \end{aligned} \tag{4.2.2}$$

代入余项式(4.2.1)可以得到具体的余项表达式。

例如,梯形公式的代数精度为 1,可将它的余项表示为

$$R[f] = Kf''(\eta), \eta \in (a,b)$$

其中

$$\begin{aligned} K &= \frac{1}{2}\left[\frac{1}{3}(b^3 - a^3) - \frac{b-a}{2}(a^2 + b^2)\right] \\ &= \frac{1}{2}\left[-\frac{1}{6}(b-a)^3\right] \\ &= -\frac{1}{12}(b-a)^3 \end{aligned}$$

于是得到梯形公式的余项为

$$R[f]=-\frac{(b-a)^3}{12}f''(\eta),\eta\in(a,b) \tag{4.2.3}$$

对于中矩形公式,其代数精度也为1,余项形如

$$R[f]=Kf''(\eta),\eta\in(a,b)$$

其中

$$K=\frac{1}{2}\left[\frac{1}{3}(b^3-a^3)-(b-a)\left(\frac{a+b}{2}\right)^2\right]=\frac{(b-a)^3}{24}$$

故余项为

$$R[f]=\frac{(b-a)^3}{24}f''(\eta),\eta\in(a,b) \tag{4.2.4}$$

例 4.2 求例 4.1 中求积公式

$$\int_0^1 f(x)\,\mathrm{d}x\approx\frac{2}{3}f(0)+\frac{1}{3}f(1)+\frac{1}{6}f'(0)$$

的余项。

解:由于此求积公式的代数精度为2,故余项表达式为 $R[f]=Kf'''(\eta)$。令 $f(x)=x^3$,得 $f'''(\eta)=3!$,于是有

$$K=\frac{1}{3!}\left[\int_0^1 x^3\mathrm{d}x-\left(\frac{2}{3}f(0)+\frac{1}{3}f(1)+\frac{1}{6}f'(0)\right)\right]$$

$$=\frac{1}{3!}\left(\frac{1}{4}-\frac{1}{3}\right)$$

$$=-\frac{1}{72}$$

故得

$$R[f]=-\frac{1}{72}f'''(\eta),\eta\in(0,1)$$

定义 4.2 在求积公式[式(4.1.1)]中,若

$$\lim_{\substack{n\to\infty\\h\to 0}}\sum_{k=0}^{n}A_kf(x_k)=\int_a^b f(x)\,\mathrm{d}x$$

其中,$h=\max\limits_{1\leqslant i\leqslant n}\{x_i-x_{i-1}\}$,则称求积公式[式(4.1.1)]是收敛的。

定义 4.3 对任给 $\varepsilon>0$,若 $\exists\delta>0$,只要 $|f(x_k)-\tilde{f}_k|\leqslant\delta(k=0,1,2,\cdots,n)$,则称求积公式[式(4.1.1)]是稳定的。

定理 4.2 若求积公式[式(4.1.1)]中系数 $A_k>0(k=0,1,\cdots,n)$,则此求积公式是稳定的。

证明:对任给 $\varepsilon>0$,若取 $\delta=\dfrac{\varepsilon}{b-a}$,对 $k=0,1,\cdots,n$ 都要求 $|f(x_k)-\tilde{f}_k|\leqslant\delta$,则有

$$|I_n(f)-I_n(\tilde{f})|=\left|\sum_{k=0}^{n}A_k(f(x_k)-\tilde{f}_k)\right|\leqslant\sum_{k=0}^{n}|A_k||f(x_k)-\tilde{f}_k|\leqslant\delta\sum_{k=0}^{n}A_k=\delta(b-a)=\varepsilon。$$

由定义 4.3 可知求积公式[式(4.1.1)]是稳定的。

证毕。

定理 4.2 表明，只要求积公式系数 $A_k > 0$，就能保证计算的稳定性。

4.3　牛顿–柯特斯公式

4.3.1　柯特斯系数与辛普森公式

为了方便构造数值积分公式，不妨将积分区间 $[a,b]$ 划分为 n 等份，此时步长 $h = \frac{b-a}{n}$，选取的等距节点为 $x_k = a + kh$，在该等距节点上构造出的插值型求积公式

$$I_n = (b-a)\sum_{k=0}^{n} C_k^{(n)} f(x_k) \tag{4.3.1}$$

称为牛顿–柯特斯(Newton-Cotes)公式，式中 $C_k^{(n)}$ 称为柯特斯系数。引进变换 $x = a + th$，则有

$$C_k^{(n)} = \frac{h}{b-a}\int_0^n \prod_{\substack{j=0\\ j\neq k}}^{n} \frac{t-j}{k-j}\mathrm{d}t = \frac{(-1)^{n-k}}{nk!\,(n-k)!}\int_0^n \prod_{\substack{j=0\\ j\neq k}}^{n}(t-j)\mathrm{d}t \tag{4.3.2}$$

当 $n = 1$ 时，$C_0^{(1)} = C_1^{(1)} = \frac{1}{2}$，这时的求积公式就是我们所熟悉的梯形公式。

当 $n = 2$ 时，按式(4.3.2)，这时的柯特斯系数为

$$C_0^{(2)} = \frac{1}{4}\int_0^2 (t-1)(t-2)\mathrm{d}t = \frac{1}{6}$$

$$C_1^{(2)} = -\frac{1}{2}\int_0^2 t(t-2)\mathrm{d}t = \frac{4}{6}$$

$$C_2^{(2)} = \frac{1}{4}\int_0^2 t(t-1)\mathrm{d}t = \frac{1}{6}$$

这时的求积公式是辛普森(Simpson)公式

$$S = \frac{b-a}{6}\left[f(a) + 4f\left(\frac{a+b}{2}\right) + f(b)\right]$$

经过验证，辛普森公式具有 3 次代数精度。

当 $n = 4$ 时的牛顿–柯特斯公式特别称为柯特斯公式，其形式是

$$C = \frac{b-a}{90}[7f(x_0) + 32f(x_1) + 12f(x_2) + 32f(x_3) + 7f(x_4)]$$

这里 $h = \frac{b-a}{4}$，$x_k = a + kh(k = 0,1,2,3,4)$。

经过验证，柯特斯公式具有 5 次代数精度。

表 4.1 列出了柯特斯系数表开头的一部分。

表 4.1　柯特斯系数表开头的一部分

n	$C_k^{(n)}$								
1	$\frac{1}{2}$	$\frac{1}{2}$							
2	$\frac{1}{6}$	$\frac{2}{3}$	$\frac{1}{6}$						
3	$\frac{1}{8}$	$\frac{3}{8}$	$\frac{3}{8}$	$\frac{1}{8}$					
4	$\frac{7}{90}$	$\frac{16}{45}$	$\frac{2}{15}$	$\frac{16}{45}$	$\frac{7}{90}$				
5	$\frac{19}{288}$	$\frac{25}{96}$	$\frac{25}{144}$	$\frac{25}{144}$	$\frac{25}{96}$	$\frac{19}{288}$			
6	$\frac{41}{840}$	$\frac{9}{35}$	$\frac{9}{280}$	$\frac{34}{105}$	$\frac{9}{280}$	$\frac{9}{35}$	$\frac{41}{840}$		
7	$\frac{751}{17280}$	$\frac{3577}{17280}$	$\frac{1323}{17280}$	$\frac{2989}{17280}$	$\frac{2989}{17280}$	$\frac{1323}{17280}$	$\frac{3577}{17280}$	$\frac{751}{17280}$	
8	$\frac{989}{28350}$	$\frac{5888}{28350}$	$\frac{-928}{28350}$	$\frac{10496}{28350}$	$\frac{-4540}{28350}$	$\frac{10496}{28350}$	$\frac{-928}{28350}$	$\frac{5888}{28350}$	

当 $n \geqslant 8$ 时,柯特斯系数 $C_k^{(n)}$ 出现负值,于是有

$$\sum_{k=0}^{n} |C_k^{(n)}| > \sum_{k=0}^{n} C_k^{(n)} = 1$$

特别地,假定 $C_k^{(n)}(f(x_k) - \tilde{f}_k) > 0$,且 $|f(x_k) - \tilde{f}_k| = \delta$,则有

$$\begin{aligned}|I_n(f) - I_n(\tilde{f})| &= \left|\sum_{k=0}^{n} C_k^{(n)}[f(x_k) - \tilde{f}_k]\right| \\ &= \sum_{k=0}^{n} C_k^{(n)}[f(x_k) - \tilde{f}_k] \\ &= \sum_{k=0}^{n} |C_k^{(n)}||f(x_k) - \tilde{f}_k| \\ &= \delta \sum_{k=0}^{n} |C_k^{(n)}| > \delta\end{aligned}$$

以上表明初始数据误差将会引起计算结果误差增大,即计算不稳定,故 $n \geqslant 8$ 时的牛顿–柯特斯公式是不用的。

定理 4.3　当阶 n 为偶数时,牛顿–柯特斯公式[式(4.3.1)]至少有 $n+1$ 次代数精度。

证明:我们只要验证,当 n 为偶数时,牛顿–柯特斯公式对 $f(x) = x^{n+1}$ 的余项为零即可。

按余项公式 $R[f] = \int_a^b [f(x) - L_n(x)]\mathrm{d}x = \int_a^b R_n(x)\mathrm{d}x$, 由于这里 $f^{n+1}(x) = (n+1)!$, 从而有

$$R[f] = \int_a^b \prod_{j=0}^{n} (x - x_j)\mathrm{d}x$$

引进变换 $x = a + th$，并注意到 $x_j = a + jh$，有

$$R[f] = h^{n+2}\int_0^n \prod_{j=0}^{n}(t-j)\,\mathrm{d}t$$

若 n 为偶数，则 $\frac{n}{2}$ 为整数。令 $t = u + \frac{n}{2}$，进一步有

$$R[f] = h^{n+2}\int_{-\frac{n}{2}}^{\frac{n}{2}} \prod_{j=0}^{n}\left(u + \frac{n}{2} - j\right)\mathrm{d}u$$

据此可以断定 $R[f] = 0$，因为被积函数

$$H(u) = \prod_{j=0}^{n}\left(u + \frac{n}{2} - j\right) = \prod_{j=-\frac{n}{2}}^{\frac{n}{2}}(u-j)$$

是个奇函数。

证毕。

4.3.2　辛普森公式和柯特斯公式的余项

对于辛普森公式 $S = \frac{b-a}{6}\left[f(a) + 4f\left(\frac{a+b}{2}\right) + f(b)\right]$，其代数精度为 3，可将余项表示为

$$R[f] = Kf^{(4)}(\eta),\eta \in (a,b)$$

其中 K 由式(4.2.2)及辛普森公式可得

$$\begin{aligned} K &= \frac{1}{4!}\left\{\frac{1}{5}(b^5 - a^5) - \frac{b-a}{6}\left[a^4 + 4\left(\frac{a+b}{2}\right)^2 + b^4\right]\right\} \\ &= -\frac{1}{4!}\frac{(b-a)^5}{120} \\ &= -\frac{b-a}{180}\left(\frac{b-a}{2}\right)^4 \end{aligned}$$

从而可得辛普森公式的余项为

$$R[f] = -\frac{b-a}{180}\left(\frac{b-a}{2}\right)^4 f^{(4)}(\eta),\eta \in (a,b)$$

对 $n = 4$ 的柯特斯公式，其代数精度为 5，故类似于求辛普森公式的余项可得到柯特斯公式的余项为

$$R[f] = -\frac{2(b-a)}{945}\left(\frac{b-a}{2}\right)^6 f^{(6)}(\eta),\eta \in (a,b)$$

4.4　复合求积公式

注意到牛顿–柯特斯公式在 $n \geqslant 8$ 时不具有稳定性，故按照牛顿–柯特斯公式的构造方

法也不能再构造出更高阶求积精度的数值积分公式了。本节拟把积分区间分为若干子区间(通常是等分),然后在每个子区间上用低阶求积公式,该方法称为复合求积法,构造出来的数值积分公式称为复合求积公式。本节只讨论复合梯形公式与复合辛普森公式。

将区间 $[a,b]$ 分为 n 等份,分点 $x_k=a+kh, h=\dfrac{b-a}{n}, k=0,1,\cdots,n$,在每个子区间$[x_k, x_{k+1}](k=0,1,\cdots,n-1)$ 上采用梯形公式,得

$$I=\int_a^b f(x)\,\mathrm{d}x=\sum_{k=0}^{n-1}\int_{x_k}^{x_{k+1}} f(x)\,\mathrm{d}x=\frac{h}{2}\sum_{k=0}^{n-1}\left[f(x_k)+f(x_{k+1})\right]+R_n(f) \tag{4.4.1}$$

记

$$T_n=\frac{h}{2}\sum_{k=0}^{n-1}\left[f(x_k)+f(x_{k+1})\right]=\frac{h}{2}\left[f(a)+2\sum_{k=1}^{n-1}f(x_k)+f(b)\right] \tag{4.4.2}$$

称为复合梯形公式。其余项为

$$R_n(f)=-\frac{b-a}{12}h^2 f''(\eta) \tag{4.4.3}$$

易知复合梯形公式是收敛和稳定的。

将区间 $[a,b]$ 分为 n 等份,在每个子区间 $[x_k,x_{k+1}]$ 上采用辛普森公式,若记 $x_{k+\frac{1}{2}}=x_k+\frac{1}{2}h$,则得

$$\begin{aligned} I&=\int_a^b f(x)\,\mathrm{d}x \\ &=\sum_{k=0}^{n-1}\int_{x_k}^{x_{k+1}} f(x)\,\mathrm{d}x \\ &=\frac{h}{6}\sum_{k=0}^{n-1}\left[f(x_k)+4f(x_{k+\frac{1}{2}})+f(x_{k+1})\right]+R_n(f) \end{aligned} \tag{4.4.4}$$

记

$$\begin{aligned} S_n&=\frac{h}{6}\sum_{k=0}^{n-1}\left[f(x_k)+4f(x_{k+\frac{1}{2}})+f(x_{k+1})\right] \\ &=\frac{h}{6}\left[f(a)+4\sum_{k=0}^{n-1}f(x_{k+\frac{1}{2}})+2\sum_{k=1}^{n}f(x_k)+f(b)\right] \end{aligned} \tag{4.4.5}$$

称为复合辛普森求积公式。其余项为

$$R_n(f)=I-S_n=-\frac{h}{180}\left(\frac{h}{2}\right)^4\sum_{k=0}^{n-1}f^{(4)}(\eta_k),\eta_k\in(x_k,x_{k+1})$$

于是当$f(x)\in\mathbb{C}^4[a,b]$ 时,与复合梯形公式相似,有

$$R_n(f)=I-S_n=-\frac{b-a}{180}\left(\frac{h}{2}\right)^4 f^{(4)}(\eta),\eta\in(a,b) \tag{4.4.6}$$

易知复合辛普森公式是收敛和稳定的。

4.5 龙贝格求积公式

从梯形公式出发,将区间 $[a,b]$ 逐次二分提高求积公式精度,当 $[a,b]$ 分为 n 等份时,有

$$I - T_n = -\frac{b-a}{12}h^2 f''(\eta),\eta \in [a,b],h = \frac{b-a}{n}$$

若记 $T_n = T(h)$,当区间 $[a,b]$ 分为 $2n$ 等份时,则有 $T_{2n} = T\left(\frac{h}{2}\right)$,并且有

$$T_n = T(h) = I + \frac{b-a}{12}h^2 f''(\eta),\lim_{h\to 0}T(h) = T(0) = I \tag{4.5.1}$$

可以证明梯形公式的余项可展成级数形式,即有下面的定理。

定理 4.4 设 $f(x) \in \mathbb{C}^{\infty}[a,b]$,则有

$$T(h) = I + a_1 h^2 + a_2 h^4 + \cdots + a_l h^{2l} + \cdots \tag{4.5.2}$$

其中,系数 $a_l(l = 1,2,\cdots)$ 与 h 无关。

此定理可利用 $f(x)$ 的泰勒展开推导得到,此处从略。

定理 4.4 表明 $T_n \approx I$ 是 $O(h^2)$ 阶。在式(4.5.2)中,若用 $\frac{h}{2}$ 代替 h,则有

$$T\left(\frac{h}{2}\right) = I + a_1\frac{h^2}{4} + a_2\frac{h^4}{16} + \cdots + a_l\left(\frac{h}{2}\right)^{2l} + \cdots \tag{4.5.3}$$

若将用 4 乘式(4.5.3)减去式(4.5.2)再除以 3 后所得的式子记为 $S(h)$,则有

$$S(h) = \frac{4T\left(\frac{h}{2}\right) - T(h)}{3} = I + \beta_1 h^4 + \beta_2 h^6 + \cdots \tag{4.5.4}$$

这里 $\beta_1,\beta_2,\cdots$ 与 h 无关。$S(h)$ 的近似积分值为 I,其误差阶为 $O(h^4)$,这比复合梯形公式的误差阶 $O(h^2)$ 提高了。容易看到,此时的 $S(h)$ 就是将 $[a,b]$ 分为 n 等份得到的复合辛普森公式。这种将近似积分值 I 的误差阶提高的方法称为外推算法,也称为理查森(Richardson)外推算法。

类似地,从式(4.5.4)出发,当 n 再增大一倍,即 h 减小一半时,有

$$S\left(\frac{h}{2}\right) = I + \beta_1\left(\frac{h}{2}\right)^4 + \beta_2\left(\frac{h}{2}\right)^6 + \cdots \tag{4.5.5}$$

若将用 16 乘式(4.5.5)减去式(4.5.4)再除以 15 后所得的式子记为 $C(h)$,则有

$$C(h) = \frac{16S\left(\frac{h}{2}\right) - S(h)}{15} = I + r_1 h^6 + r_2 h^8 + \cdots \tag{4.5.6}$$

它就是把区间 $[a,b]$ 分为 n 个子区间的复合柯特斯公式,其精度为 $C(h) - I = O(h^6)$。它由辛普森法二分提高前后的两个近似积分值 S_n 与 $S_{2n} = S\left(\frac{h}{2}\right)$,以及式(4.5.6)组合得

到,即

$$C_n = \frac{1}{15}(16S_{2n} - S_n) \tag{4.5.7}$$

从式(4.5.6)出发,利用外推算法还可得到逼近阶为 $O(h^8)$ 的算法公式

$$R(h) = \frac{1}{63}\left[64C\left(\frac{h}{2}\right) - C(h)\right] \tag{4.5.8}$$

如此继续下去就可得到龙贝格(Romberg)算法。

4.6 自适应积分方法

如果被积函数在积分区间内的变化比较平缓,则复合求积方法是适用的。但是如果被积函数在积分区间内的变化比较大,或者在积分区间内的某一部分变化平缓,在其他部分变化比较大,则利用复合求积方法很难提高数值精度。为了得到较好的数值结果,需要将被积函数变化较大的那部分区间进一步地细分后再利用复合求积方法。针对被积函数在区间上的不同情形采用不同的步长,使得在满足精度的前提下积分计算工作量尽可能小,这种方法称为自适应积分方法。下面仅以常用的复合辛普森公式为例说明该方法的基本思想。

设给定误差精度 $\varepsilon > 0$,计算积分

$$I(f) = \int_a^b f(x)\,\mathrm{d}x$$

的近似值。先取步长 $h = b - a$,应用辛普森公式有

$$I(f) = \int_a^b f(x)\,\mathrm{d}x = S(a,b) - \frac{b-a}{180}\left(\frac{h}{2}\right)^4 f^{(4)}(\eta),\eta \in (a,b) \tag{4.6.1}$$

其中

$$S(a,b) = \frac{h}{6}\left[f(a) + 4f\left(\frac{a+b}{2}\right) + f(b)\right]$$

若把区间 $[a,b]$ 对分,步长 $h_2 = \frac{h}{2} = \frac{b-a}{2}$,则可在每个小区间上用辛普森公式,得

$$I(f) = S_2(a,b) - \frac{b-a}{180}\left(\frac{h_2}{2}\right)^4 f^{(4)}(\xi),\xi \in (a,b) \tag{4.6.2}$$

其中

$$S_2(a,b) = S\left(a,\frac{a+b}{2}\right) + S\left(\frac{a+b}{2},b\right)$$

$$S\left(a,\frac{a+b}{2}\right) = \frac{h_2}{6}\left[f(a) + 4f\left(a+\frac{h}{4}\right) + f\left(a+\frac{h}{2}\right)\right]$$

$$S\left(\frac{a+b}{2},b\right) = \frac{h_2}{6}\left[f\left(a+\frac{h}{2}\right) + 4f\left(a+\frac{3}{4}h\right) + f(b)\right]$$

实际上式(4.6.2)即为

$$I(f) = S_2(a,b) - \frac{b-a}{180}\left(\frac{h}{4}\right)^4 f^{(4)}(\xi), \xi \in (a,b) \tag{4.6.3}$$

与式(4.6.1)比较,若 $f^{(4)}(x)$ 在 (a,b) 上变化不大,可假定 $f^{(4)}(\eta) \approx f^{(4)}(\xi)$,从而可得

$$\frac{15}{16}[S(a,b) - S_2(a,b)] \approx \frac{b-a}{180}\left(\frac{h}{2}\right)^4 f^{(4)}(\eta)$$

与式(4.6.2)比较,则得

$$|I(f) - S_2(a,b)| \approx \frac{1}{15}|S(a,b) - S_2(a,b)| = \frac{1}{15}|S_1 - S_2|$$

这里 $S_1 = S(a,b)$, $S_2 = S_2(a,b)$。如果有

$$|S_1 - S_2| < 15\varepsilon \tag{4.6.4}$$

则可期望得到

$$|I(f) - S_2(a,b)| < \varepsilon$$

此时可取 $S_2(a,b)$ 作为 $I(f) = \int_a^b f(x)\,dx$ 的近似值,则可达到给定的误差精度 ε。若不等式(4.6.4)不成立,则应分别对子区间 $\left[a, \frac{a+b}{2}\right]$ 及 $\left[\frac{a+b}{2}, b\right]$ 再用辛普森公式,此时步长 $h_3 = \frac{1}{2}h_2$,得到 $S_3\left(a, \frac{a+b}{2}\right)$ 及 $S_3\left(\frac{a+b}{2}, b\right)$。只需分别考察 $\left|I(f) - S_3\left(a, \frac{a+b}{2}\right)\right| < \frac{\varepsilon}{2}$ 及 $\left|I(f) - S_3\left(\frac{a+b}{2}, b\right)\right| < \frac{\varepsilon}{2}$ 是否成立。对满足要求的区间不再细分,对不满足要求的区间还要继续上述过程,直到满足要求为止。

4.7　高斯求积公式

对于形如式(4.1.1)的机械求积公式

$$\int_a^b f(x)\,dx \approx \sum_{k=0}^{n} A_k f(x_k)$$

前期的研究是给定了求积节点,利用代数精度的定义来确定系数,从而构造出具有更高次代数精度的数值积分公式。如果求积节点未定,那么式(4.1.1)中就含有 $2n+2$ 个待定参数 x_k 及 $A_k(k=0,1,\cdots,n)$。如何来确定这 $2n+2$ 个待定参数,从而构造出具有最高次代数精度的数值积分公式呢?首先来看一个例题。

例 4.3　对于求积公式

$$\int_{-1}^{1} f(x)\,dx \approx A_0 f(x_0) + A_1 f(x_1) \tag{4.7.1}$$

试确定节点 x_0、x_1 和系数 A_0、A_1,使其具有尽可能高的代数精度。

解:令求积公式[式(4.7.1)]对于 $f(x) = 1, x, x^2, x^3$ 准确地成立,则得

$$\begin{cases} A_0 + A_1 = 2 \\ A_0x_0 + A_1x_1 = 0 \\ A_0x_0^2 + A_1x_1^2 = \dfrac{2}{3} \\ A_0x_0^3 + A_1x_1^2 = 0 \end{cases} \tag{4.7.2}$$

用式(4.7.2)中的第 4 式减去第 2 式乘 x_0^2 得

$$A_1x_1(x_1^2 - x_0^2) = 0$$

由此得 $x_1 = \pm x_0$。

用 x_0 乘式(4.7.2)中的第 1 式减第 2 式得

$$A_1(x_0 - x_1) = 2x_0$$

用式(4.7.2)中的第 3 式减去 x_0 与乘式(4.7.2)中的第 2 式的积有

$$A_1x_1(x_1 - x_0) = \frac{2}{3}$$

将 $A_1(x_0-x_1)= 2x_0$ 代入上式则得

$$x_0x_1 = -\frac{1}{3}$$

由此得出 x_0 与 x_1 异号,即 $x_1 = - x_0$,从而有

$$A_1 = 1 \text{ 及 } x_1^2 = \frac{1}{3}$$

于是可取 $x_0 = -\dfrac{\sqrt{3}}{3}, x_1 = \dfrac{\sqrt{3}}{3}$,再由式(4.7.2) 的第 1 式得 $A_0 = A_1 = 1$。 因此有

$$\int_{-1}^{1} f(x)\,\mathrm{d}x \approx f\left(-\frac{\sqrt{3}}{3}\right) + f\left(\frac{\sqrt{3}}{3}\right) \tag{4.7.3}$$

当 $f(x) = x^4$ 时,式(4.7.3)两端分别为 $\dfrac{2}{5}$ 及 $\dfrac{2}{9}$,式(4.7.3) 对于 $f(x) = x^4$ 不能准确地成立,故式(4.7.3)的代数精度为 3。这与牛顿–柯特斯公式的构造方法不同,在两个求积节点上的数值积分公式竟然具有 3 次代数精度。有没有可能在两个求积节点上的数值积分公式具有高于 3 的代数精度呢?

实际上,对形如式(4.7.1)的求积公式,其代数精度不可能超过 3,因为当 $x_0, x_1 \in [-1, 1]$ 时,设 $f(x) = (x - x_0)^2(x - x_1)^2$,这是 4 次多项式,代入式(4.7.1) 左端有 $\int_{-1}^{1} f(x)\,\mathrm{d}x > 0$,而 $f(x_0) = f(x_1) = 0$,故右端为 0。它表明两个节点的求积公式的最高代数精度为 3。而一般 $n + 1$ 个节点的求积公式的代数精度最高为 $2n + 1$。下面研究带权积分 $I = \int_a^b f(x)\rho(x)\,\mathrm{d}x$,这里 $\rho(x)$ 为权函数,类似式(4.1.1),它的求积公式为

$$\int_a^b f(x)\rho(x)\,\mathrm{d}x \approx \sum_{k=0}^{n} A_k f(x_k) \tag{4.7.4}$$

其中, $A_k(k = 0,1,\cdots,n)$ 为不依赖于 $f(x)$ 的求积系数, $x_k(k = 0,1,\cdots,n)$ 为求积节点。可

适当选取 x_k 及 $A_k(k=0,1,\cdots,n)$，使式(4.7.4)具有 $2n+1$ 次代数精度。

定义 4.4　如果求积公式[式(4.7.4)]具有 $2n+1$ 次代数精度，则称其节点 $x_k(k=0,1,\cdots,n)$ 为高斯点。相应地，式(4.7.4)称为高斯型求积公式。

定理 4.5　插值型求积公式[式(4.7.4)]的节点 $a \leqslant x_0 < x_1 < \cdots < x_n \leqslant b$ 是高斯点的充分必要条件是以这些节点为零点的多项式

$$\omega_{n+1}(x)=(x-x_0)(x-x_1)\cdots(x-x_n)$$

与任何次数不超过 n 的多项式 $p(x)$ 带权 $\rho(x)$ 正交，即

$$\int_a^b p(x)\omega_{n+1}(x)\rho(x)\mathrm{d}x=0 \tag{4.7.5}$$

证明：先证明必要性。设 $p(x)\in H_n$，则 $p(x)\omega_{n+1}(x)\in H_{2n+1}$，因此，如果 $x_0,x_1,\cdots,x_n$ 是高斯点，则求积公式[式(4.7.4)]对 $f(x)=p(x)\omega_{n+1}(x)$ 准确地成立，即有

$$\int_a^b p(x)\omega_{n+1}(x)\rho(x)\mathrm{d}x=\sum_{k=0}^{n}A_k p_k(x_k)\omega_{n+1}(x_k)$$

因 $\omega_{n+1}(x_k)(k=0,1,\cdots,n)$，故式(4.7.5)成立。

再证明充分性。对于 $\forall f(x)\in H_{2n+1}$，用 $\omega_{n+1}(x)$ 除以 $f(x)$，记商为 $p(x)$，余式为 $q(x)$，即 $f(x)=p(x)\omega_{n+1}(x)+q(x)$，其中 $p(x),q(x)\in H_n$。由式(4.7.5)可得

$$\int_a^b f(x)\rho(x)\mathrm{d}x=\int_a^b q(x)\rho(x)\mathrm{d}x \tag{4.7.6}$$

由于所给求积公式[式(4.7.4)]是插值型的，所以它对于 $q(x)\in H_n$ 准确地成立，即

$$\int_a^b q(x)\rho(x)\mathrm{d}x=\sum_{k=0}^{n}A_k q(x_k)$$

注意到 $\omega_{n+1}(x_k)=0(k=0,1,\cdots,n)$，可知 $q(x_k)=f(x_k)(k=0,1,\cdots,n)$，从而由式(4.7.6)可得

$$\int_a^b f(x)\rho(x)\mathrm{d}x=\int_a^b q(x)\rho(x)\mathrm{d}x=\sum_{k=0}^{n}A_k q(x_k)$$

可见，求积公式[式(4.7.4)]对于一切次数不超过 $2n+1$ 的多项式均能准确地成立。因此，$x_k(k=0,1,\cdots,n)$ 为高斯点。

证毕。

定理表明在 $[a,b]$ 上带权 $\rho(x)$ 的 $n+1$ 次正交多项式的零点就是求积公式[式(4.7.4)]的高斯点。有了求积节点 $x_k(k=0,1,\cdots,n)$，再确定系数 $A_0,A_1,\cdots,A_n$。

例 4.4　确定求积公式

$$\int_0^1 \sqrt{x}f(x)\mathrm{d}x \approx A_0 f(x_0)+A_1 f(x_1)$$

的系数 A_0、A_1 及节点 x_0、x_1，使它具有最高代数精度。

解：由题意可知，数值积分公式的节点为关于权函数 $\rho(x)=\sqrt{x}$ 的正交多项式零点 x_0 及 x_1。设 $\omega(x)=(x-x_0)(x-x_1)=x^2+bx+c$，由正交性知 $\omega(x)$ 与 1 及 x 带权正交，即得

$$\int_0^1 \sqrt{x}\omega(x)\mathrm{d}x=0,\int_0^1 \sqrt{x}x\omega(x)\mathrm{d}x=0$$

于是得

$$\frac{2}{7}+\frac{2}{5}b+\frac{2}{3}c=0 \text{ 及 } \frac{2}{9}+\frac{2}{7}b+\frac{2}{5}c=0$$

由此解得 $b=-\frac{10}{9}, c=\frac{5}{21}$,即

$$\omega(x)=x^2-\frac{10}{9}x+\frac{5}{21}$$

令 $\omega(x)=0$, 则得

$$x_0=0.289949, x_1=0.821162$$

由于两个节点的高斯型求积公式具有 3 次代数精度,故公式对于 $f(x)=1, x$ 准确地成立,即:

(1)当 $f(x)=1$ 时, $A_0+A_1=\int_0^1\sqrt{x}\,\mathrm{d}x=\frac{2}{3}$;

(2)当 $f(x)=x$ 时, $A_0x+A_1x=\int_0^1\sqrt{x}\cdot x\mathrm{d}x=\frac{2}{5}$。

由此解出 $A_0=0.277556, A_1=0.389111$。

下面讨论高斯求积公式[式(4.7.4)]的余项。利用 $f(x)$ 的节点 $x_k(k=0,1,\cdots,n)$ 的埃尔米特插值 $H_{2n+1}(x)$,即

$$H_{2n+1}(x_k)=f(x_k), H'_{2n+1}(x_k)=f'(x_k), k=0,1,\cdots,n$$

于是

$$f(x)=H_{2n+1}(x_k)+\frac{f^{(2n+2)}(\xi)}{(2n+2)!}\omega_{n+1}^2(x)$$

两端乘 $\rho(x)$,并由 a 到 b 积分,得

$$I=\int_a^b f(x)\rho(x)\mathrm{d}x=\int_a^b H_{2n+1}(x)\rho(x)\mathrm{d}x+R_n[f] \tag{4.7.7}$$

其中右端第一项积分对于 $2n+1$ 次多项式准确地成立,故

$$R_n[f]=I-\sum_{k=0}^{n}A_kf(x_k)=\int_a^b\frac{f^{(2n+2)}(\xi)}{(2n+2)!}\omega_{n+1}^2(x)\rho(x)\mathrm{d}x$$

由于 $\omega_{n+1}^2(x)\rho(x)\geqslant 0$,故由积分中值定理得式(4.7.4)的余项为

$$R_n[f]=\frac{f^{(2n+2)}(\eta)}{(2n+2)!}\int_a^b\omega_{n+1}^2(x)\rho(x)\mathrm{d}x \tag{4.7.8}$$

4.8 数值微分

有时为了近似计算数值微分,也利用函数值的线性组合。按导数定义可以简单地用差商近似导数,这样可得到以下 3 种常用的数值微分公式

$$f'(a)\approx\frac{f(a+h)-f(a)}{h} \tag{4.8.1}$$

$$f'(a) \approx \frac{f(a) - f(a-h)}{h} \tag{4.8.2}$$

$$f'(a) \approx \frac{f(a+h) - f(a-h)}{2h} \tag{4.8.3}$$

上式中，h 为一增量，称为步长。式(4.8.3)称为中点方法，它其实是前两种方法的算术平均，但它的误差阶由 $O(h)$ 提升到 $O(h^2)$。上面给出的 3 个公式是很实用的，尤其是中点公式更为常用。

习题

1.分别利用梯形公式和辛普森公式计算积分 $\int_1^9 \sqrt{x}\,\mathrm{d}x, n = 4$。

2.确定求积公式 $\int_{-\frac{h}{2}}^{\frac{h}{2}} f(x)\,\mathrm{d}x \approx A_{-1}f(-h) + A_0 f(0) + A_{-1}f(h)$ 中的待定参数，使其代数精度尽量高，并指明构造出的求积公式所具有的代数精度。

3.给定求积公式 $\int_0^1 f(x)\,\mathrm{d}x \approx A_0 f(0) + A_1 f(1) + B_0 f'(0)$，试确定系数$A_0$、$A_1$、$B_0$，使公式具有尽可能高的代数精度。

4.使用梯形公式计算积分 $\int_0^{\frac{\pi}{3}} f(x)\,\mathrm{d}x$ 的近似值。

第5章

解线性方程组的直接方法

线性方程组经常用于解决自然科学和工程技术问题。一般而言,可以将线性方程组分为两种:一种是线性方程组的系数矩阵是低阶稠密矩阵(例如阶数不超过150);另一种是线性方程组的系数矩阵是大型稀疏矩阵(即矩阵阶数高且零元素较多)。这两种线性方程组的求解方法不同:对于第一种线性方程组,一般采用的是直接法,即经过有限步算术运算就可求得线性方程组精确解的方法;对于第二种线性方程组,一般采用的是迭代法,即用某种极限过程去逐步逼近线性方程组精确解的方法。本章研究的是直接法,对迭代法的研究详见第6章。

5.1 高斯消去法

设有线性方程组

$$\begin{cases} a_{11}x_1 + a_{12}x_2 + \cdots + a_{1n}x_n = b_1 \\ a_{21}x_1 + a_{22}x_2 + \cdots + a_{2n}x_n = b_2 \\ \vdots \\ a_{n1}x_1 + a_{n2}x_2 + \cdots + a_{nn}x_n = b_n \end{cases} \tag{5.1.1}$$

或写为矩阵形式

$$\begin{pmatrix} a_{11} & a_{12} & \cdots & a_{1n} \\ a_{21} & a_{22} & \cdots & a_{2n} \\ \vdots & \vdots & & \vdots \\ a_{n1} & a_{n2} & \cdots & a_{nn} \end{pmatrix} \begin{pmatrix} x_1 \\ x_2 \\ \vdots \\ x_n \end{pmatrix} = \begin{pmatrix} b_1 \\ b_2 \\ \vdots \\ b_n \end{pmatrix}$$

简记为 $\boldsymbol{Ax} = \boldsymbol{b}$。通过初等行变换,可将式(5.1.1)简化为

$$\begin{pmatrix} a_{11}^{(1)} & a_{12}^{(1)} & \cdots & a_{1n}^{(1)} \\ & a_{22}^{(2)} & \cdots & a_{2n}^{(2)} \\ & & \ddots & \vdots \\ & & & a_{nn}^{(n)} \end{pmatrix} \begin{pmatrix} x_1 \\ x_2 \\ \vdots \\ x_n \end{pmatrix} = \begin{pmatrix} b_1^{(1)} \\ b_2^{(2)} \\ \vdots \\ b_n^{(n)} \end{pmatrix} \tag{5.1.2}$$

由方程组(5.1.1)约化为方程组(5.1.2)的过程称为消元过程。如果 $\boldsymbol{A} \in \mathbb{R}^{n\times n}$ 是非奇异矩阵,且 $a_{kk}^{(k)} \neq 0(k=1,2,\cdots,n-1)$,求解三角形线性方程组(5.1.2),得到求解公式

$$\begin{cases} x_n = b_n^{(n)}/a_{nn}^{(n)} \\ x_k = \left(b_k^{(k)} - \sum\limits_{j=k+1}^{n} a_{kj}^{(k)} x_j\right)/a_{kk}^{(k)}, k = n-1, n-2, \cdots, 1 \end{cases} \tag{5.1.3}$$

方程组(5.1.2)的求解过程[式(5.1.3)]称为回代过程。

定理 5.1 设 $\boldsymbol{Ax} = \boldsymbol{b}$,其中 $\boldsymbol{A} \in \mathbb{R}^{n\times n}$。

(1)如果 $a_{kk}^{(k)} \neq 0(k=1,2,\cdots,n-1)$,则可通过高斯消去法将 $\boldsymbol{Ax}=\boldsymbol{b}$ 约化为等价的三角形线性方程组(5.1.2),且计算公式为:

①消元计算 $(k=1,2,\cdots,n-1)$

$$\begin{cases} m_{ik} = a_{ik}^{(k)}/a_{kk}^{(k)}, i = k+1,\cdots,n \\ a_{ij}^{(k+1)} = a_{ij}^{(k)} - m_{ik}a_{kj}^{(k)}, i,j = k+1,\cdots,n \\ b_i^{(k+1)} = b_i^{(k)} - m_{ik}b_k^{(k)}, i = k+1,\cdots,n \end{cases}$$

②回代计算

$$\begin{cases} x_n = b_n^{(n)}/a_{nn}^{(n)} \\ x_i = \left(b_i^{(i)} - \sum\limits_{j=i+1}^{n} a_{ij}^{(i)} x_j\right)/a_{ii}^{(i)}, i = n-1,\cdots,2,1 \end{cases}$$

(2)如果 $\boldsymbol{A}$ 为非奇异矩阵,则可通过高斯消去法及交换两行的初等变换将方程组 $\boldsymbol{Ax}=\boldsymbol{b}$ 约化为方程组(5.1.2)。

以上消元和回代过程总的乘除法次数为 $\frac{n^3}{3}+n^2-\frac{n}{3}\approx\frac{n^3}{3}$,加减法次数为 $\frac{n^3}{3}+\frac{n^2}{2}-\frac{5}{6}n\approx\frac{n^3}{3}$。

设方程组(5.1.1)的系数矩阵 $\boldsymbol{A} \in \mathbb{R}^{n\times n}$ 的各顺序主子式均不为零。由于对 $\boldsymbol{A}$ 施行初等行变换相当于用初等矩阵左乘 $\boldsymbol{A}$,于是对方程组(5.1.1)施行第一步消元后,$\boldsymbol{A}^{(1)}$ 化为 $\boldsymbol{A}^{(2)}$,$\boldsymbol{b}^{(1)}$ 化为 $\boldsymbol{b}^{(2)}$,即

$$\boldsymbol{L}_1\boldsymbol{A}^{(1)} = \boldsymbol{A}^{(2)}, \boldsymbol{L}_1\boldsymbol{b}^{(1)} = \boldsymbol{b}^{(2)}$$

其中

$$L_1 = \begin{pmatrix} 1 & & & & \\ -m_{21} & 1 & & & \\ -m_{31} & & 1 & & \\ \vdots & & & \ddots & \\ -m_{n1} & & & & 1 \end{pmatrix}$$

$$m_{i1} = a_{i1}^{(1)} / a_{11}^{(1)}, i = 2,3,\cdots,n$$

一般地,经过第 k 步消元后, $\boldsymbol{A}^{(k)}$ 化为 $\boldsymbol{A}^{(k+1)}$,$\boldsymbol{b}^{(k)}$ 化为 $\boldsymbol{b}^{(k+1)}$,相当于

$$\boldsymbol{L}_k\boldsymbol{A}^{(k)} = \boldsymbol{A}^{(k+1)}, \boldsymbol{L}_k\boldsymbol{b}^{(k)} = \boldsymbol{b}^{(k+1)}$$

其中

$$L_k = \begin{pmatrix} 1 & & & & \\ & \ddots & & & \\ & & 1 & & \\ & & -m_{(k+1)k} & 1 & \\ & & \vdots & & \ddots \\ & & -m_{nk} & & & 1 \end{pmatrix}$$

$$m_{ik} = a_{ik}^{(k)} / a_{kk}^{(k)}, i = k + 1,\cdots,n$$

重复以上过程,最后得到

$$\begin{cases} \boldsymbol{L}_{n-1}\cdots\boldsymbol{L}_2\boldsymbol{L}_1\boldsymbol{A}^{(1)} = \boldsymbol{A}^{(n)} \\ \boldsymbol{L}_{n-1}\cdots\boldsymbol{L}_2\boldsymbol{L}_1\boldsymbol{b}^{(1)} = \boldsymbol{b}^{(n)} \end{cases} \tag{5.1.4}$$

将上面的三角矩阵 $\boldsymbol{A}^{(n)}$ 记为 $\boldsymbol{U}$,由式(5.1.4) 得到

$$\boldsymbol{A} = \boldsymbol{L}_1^{-1}\boldsymbol{L}_2^{-1}\cdots\boldsymbol{L}_{n-1}^{-1}\boldsymbol{U} = \boldsymbol{L}\boldsymbol{U}$$

其中

$$\boldsymbol{L} = \boldsymbol{L}_1^{-1}\boldsymbol{L}_2^{-1}\cdots\boldsymbol{L}_{n-1}^{-1} = \begin{pmatrix} 1 & & & & \\ m_{21} & 1 & & & \\ m_{31} & m_{32} & 1 & & \\ \vdots & \vdots & \vdots & \ddots & \\ m_{n1} & m_{n2} & m_{n3} & \cdots & 1 \end{pmatrix}$$

为单位下三角矩阵。

这就是说,高斯消去法实质上产生了一个将 $\boldsymbol{A}$ 分解为两个三角形矩阵相乘的因式分解,于是我们得到以下重要定理,它在解线性方程组的直接法中起着重要作用,

定理 5.2(矩阵的 *LU* 分解) 设 $\boldsymbol{A}$ 为 n 阶矩阵,如果 $\boldsymbol{A}$ 的顺序主子式 $D_i \neq 0(i = 1,2,\cdots,n - 1)$,则 $\boldsymbol{A}$ 可分解为一个单位下三角矩阵 $\boldsymbol{L}$ 和一个上三角矩阵 $\boldsymbol{U}$ 的乘积,且这种分解是唯一的。

例 5.1 将系数矩阵 $\boldsymbol{A} = \begin{pmatrix} 1 & 1 & 1 \\ 0 & 4 & -1 \\ 2 & -2 & 1 \end{pmatrix}$ 进行 LU 分解。

解:由高斯消去法可知, $m_{21}=0, m_{31}=2, m_{32}=-1$,故

$$\boldsymbol{A}=\begin{pmatrix}1&0&0\\0&1&0\\2&-1&1\end{pmatrix}\begin{pmatrix}1&1&1\\0&4&-1\\0&0&-2\end{pmatrix}=\boldsymbol{LU}$$

如果在高斯消去的过程中出现 $a_{kk}^{(k)}=0$ 的情况,消去法将无法进行。即使主元素 $a_{kk}^{(k)}\neq 0$ 很小,但是如果用其作为除数,也会导致其他元素数量级的严重增长和舍入误差的扩散,从而使得计算解不可靠。对一般矩阵来说,最好 $a_{kk}^{(k)}$ 是其所在列的下方元素中绝对值最大的元素,这就是列主元素消去法。

5.2 矩阵三角分解法

5.2.1 直接三角分解法

在求解线性方程组时,直接将系数矩阵进行 LU 分解,进而转换成两个三角形方程组的求解,这就是直接三角分解法。

(1) $\boldsymbol{Ly}=\boldsymbol{b}$,求 $\boldsymbol{y}$;

(2) $\boldsymbol{Ux}=\boldsymbol{y}$,求 $\boldsymbol{x}$。

设 $\boldsymbol{A}$ 为非奇异矩阵,且有分解式

$$\boldsymbol{A}=\boldsymbol{LU}$$

其中, $\boldsymbol{L}$ 为单位下三角矩阵, $\boldsymbol{U}$ 为上三角矩阵,即

$$\boldsymbol{A}=\begin{pmatrix}1&&&\\l_{21}&1&&\\\vdots&\vdots&\ddots&\\l_{n1}&l_{n2}&\cdots&1\end{pmatrix}\begin{pmatrix}u_{11}&u_{12}&\cdots&u_{1n}\\&u_{22}&\cdots&u_{2n}\\&&\ddots&\vdots\\&&&u_{nn}\end{pmatrix}\tag{5.2.1}$$

第一步

$$u_{1i}=a_{1i}(i=1,2,\cdots,n), l_{i1}=a_{i1}/u_{11}, i=2,3,\cdots,n$$

计算 $\boldsymbol{U}$ 的第 r 行及 $\boldsymbol{L}$ 的第 r 列元素($r=2,3,\cdots,n$)。

第二步

$$u_{ri}=a_{ri}-\sum_{k=1}^{r-1}l_{rk}u_{ki}, i=r,r+1,\cdots,n$$

第三步

$$l_{ir}=\left(a_{ir}-\sum_{k=1}^{r-1}l_{ik}u_{kr}\right)/u_{rr}, i=r+1,\cdots,n, \text{且 } r\neq n$$

求解 $\boldsymbol{Ly}=\boldsymbol{b}$ 及 $\boldsymbol{Ux}=\boldsymbol{y}$ 的计算公式。

第四步

$$\begin{cases} y_1 = b_1 \\ y_i = b_i - \sum\limits_{k=1}^{i-1} l_{ik} y_k, i = 2,3,\cdots,n \end{cases}$$

第五步

$$\begin{cases} x_n = y_n / u_{nn} \\ x_i = \left(y_i - \sum\limits_{k=i+1}^{n} u_{ik} x_k \right) / u_{ii}, i = n-1, n-2, \cdots, 1 \end{cases}$$

例 5.2 用直接三角分解法解

$$\begin{pmatrix} 1 & 2 & 3 \\ 4 & 5 & 6 \\ 7 & 8 & 10 \end{pmatrix} \begin{pmatrix} x_1 \\ x_2 \\ x_3 \end{pmatrix} = \begin{pmatrix} 14 \\ 32 \\ 53 \end{pmatrix}$$

解:直接利用第二步和第三步 $\boldsymbol{LU}$ 分解得

$$\boldsymbol{A} = \begin{pmatrix} 1 & 0 & 0 \\ 4 & 1 & 0 \\ 7 & 2 & 1 \end{pmatrix} \begin{pmatrix} 1 & 2 & 3 \\ 0 & -3 & -6 \\ 0 & 0 & 1 \end{pmatrix} = \boldsymbol{LU}$$

求解 $\boldsymbol{Ly} = (14,32,53)^{\mathrm{T}}$，得 $\boldsymbol{y} = (14,-24,3)^{\mathrm{T}}$；求解 $\boldsymbol{Ux} = (14,-24,3)^{\mathrm{T}}$，得 $\boldsymbol{x} = (1,2,3)^{\mathrm{T}}$。

矩阵 $\boldsymbol{A}$ 的第二步和第三步分解又称为**杜利特尔**(Doolittle)**分解**。

5.2.2 平方根法

有时在求解线性方程组时，其系数矩阵大多具有对称正定性质。所谓平方根法，就是利用对称正定矩阵的三角分解而得到的求解对称正定方程组的一种有效方法。

设 $\boldsymbol{A}$ 为对称矩阵，且 $\boldsymbol{A}$ 的所有顺序主子式均不为零，由本章定理 5.2 知，$\boldsymbol{A}$ 可唯一分解为形如式(5.2.1)的形式。

为了利用 $\boldsymbol{A}$ 的对称性，将 $\boldsymbol{U}$ 再分解为

$$\boldsymbol{U} = \begin{pmatrix} u_{11} & & & \\ & u_{22} & & \\ & & \ddots & \\ & & & u_{nn} \end{pmatrix} \begin{pmatrix} 1 & \dfrac{u_{12}}{u_{11}} & \cdots & \dfrac{u_{1n}}{u_{11}} \\ & 1 & \cdots & \dfrac{u_{2n}}{u_{22}} \\ & & \ddots & \vdots \\ & & & 1 \end{pmatrix} = \boldsymbol{DU}_0$$

其中，$\boldsymbol{D}$ 为对角矩阵，$\boldsymbol{U}_0$ 为单位上三角矩阵，于是

$$\boldsymbol{A} = \boldsymbol{LU} = \boldsymbol{LDU}_0 \tag{5.2.2}$$

又

$$\boldsymbol{A} = \boldsymbol{A}^{\mathrm{T}} = \boldsymbol{U}_0^{\mathrm{T}} (\boldsymbol{DL}^{\mathrm{T}})$$

由分解的唯一性即得

$$U_0^{\mathrm{T}} = L$$

代入式(5.2.2)得到对称矩阵 A 的分解式 $A = LDL^{\mathrm{T}}$。

总结上述讨论有以下定理。

定理 5.3(对称矩阵的三角分解) 设 A 为 n 阶对称矩阵,且 A 的所有顺序主子式均不为零,则 A 可唯一分解为

$$A = LDL^{\mathrm{T}}$$

式中, L 为单位下三角矩阵, D 为对角矩阵。

定理 5.4[对称正定矩阵的三角分解或楚列斯基(Cholesky)分解] 如果 A 为 n 阶对称正定矩阵,则存在一个实的非奇异下三角矩阵 L 使 $A = LL^{\mathrm{T}}$,当限定 L 的对角元素为正时,这种分解是唯一的。

5.2.3 追赶法

当需要求解的系数矩阵为对角占优的三对角线方程组时,例如:

$$\begin{pmatrix} b_1 & c_1 & & & \\ a_2 & b_2 & c_2 & & \\ & \ddots & \ddots & \ddots & \\ & & a_{n-1} & b_{n-1} & c_{n-1} \\ & & & a_n & b_n \end{pmatrix} \begin{pmatrix} x_1 \\ x_2 \\ \vdots \\ x_{n-1} \\ x_n \end{pmatrix} = \begin{pmatrix} f_1 \\ f_2 \\ \vdots \\ f_{n-1} \\ f_n \end{pmatrix} \tag{5.2.3}$$

简记为 $Ax = f$。其中,当 $|i-j| > 1$ 时, $a_{ij} = 0$,且:

(1) $|b_1| > |c_1| > 0$;

(2) $|b_i| \geqslant |a_i| + |c_i|, a_i, c_i \neq 0, i = 2,3,\cdots,n-1$;

(3) $|b_n| > |a_n| > 0$。

我们利用矩阵的直接三角分解法来推导解三对角线方程组(5.2.3)的计算公式。根据系数矩阵 A 的特点,可以将 A 分解为两个三角矩阵的乘积,即

$$A = LU$$

其中, L 为下三角矩阵, U 为单位上三角矩阵,下面我们来说明这种分解是可能的。设

$$A = \begin{pmatrix} b_1 & c_1 & & & \\ a_2 & b_2 & c_2 & & \\ & \ddots & \ddots & \ddots & \\ & & a_{n-1} & b_{n-1} & c_{n-1} \\ & & & a_n & b_n \end{pmatrix} = \begin{pmatrix} \alpha_1 & & & \\ r_2 & \alpha_2 & & \\ & \ddots & \ddots & \\ & & r_n & \alpha_n \end{pmatrix} \begin{pmatrix} 1 & \beta_1 & & \\ & 1 & \ddots & \\ & & \ddots & \beta_{n-1} \\ & & & 1 \end{pmatrix} \tag{5.2.4}$$

式中, α_i、β_i、r_i 为待定系数。比较分解式(5.2.4)两边可得

$$\begin{cases} b_1 = \alpha_1, c_1 = \alpha_1\beta_1 \\ a_i = r_i, b_i = r_i\beta_{i-1} + \alpha_i, i = 2,3,\cdots,n \\ c_i = \alpha_i\beta_i, i = 1,2,\cdots,n-1 \end{cases} \tag{5.2.5}$$

由 $\alpha_1 = b_1 \neq 0, |b_1| > |c_1| > 0, \beta_1 = c_1/b_1$,得 $0 < |\beta_1| < 1$。

5.3 向量和矩阵的范数

定义 5.1 设 $\boldsymbol{x} = (x_1, x_2, \cdots, x_n)^{\mathrm{T}}, \boldsymbol{y} = (y_1, y_2, \cdots, y_n)^{\mathrm{T}} \in \mathbb{R}^n$(或 $\mathbb{C}^n$)。将实数 $\boldsymbol{y}^{\mathrm{T}}\boldsymbol{x} = \sum_{i=1}^{n} x_i y_i$ [或复数 $(\boldsymbol{x}, \boldsymbol{y}) = \boldsymbol{y}^{\mathrm{H}}\boldsymbol{x} = \sum_{i=1}^{n} x_i \bar{y}_i$]称为向量 $\boldsymbol{x}$、$\boldsymbol{y}$ 的数量积。将非负实数 $\|\boldsymbol{x}\|_2 = (\boldsymbol{x}, \boldsymbol{x})^{\frac{1}{2}} = \left(\sum_{i=1}^{n} \boldsymbol{x}_i^2\right)^{\frac{1}{2}}$(或 $\|\boldsymbol{x}\|_2 = (\boldsymbol{x}, \boldsymbol{x})^{\frac{1}{2}} = \left(\sum_{i=1}^{n} |\boldsymbol{x}_i|^2\right)^{\frac{1}{2}}$)称为向量 $\boldsymbol{x}$ 的欧氏范数。

定义 5.2(向量的范数) 如果设向量 $\boldsymbol{x} \in \mathbb{R}^n$(或 $\mathbb{C}^n$)的某个实值函数 $N(\boldsymbol{x}) = \|\boldsymbol{x}\|$,满足条件:

$$\begin{cases} \|\boldsymbol{x}\| \geqslant 0 \ (\|\boldsymbol{x}\| = 0, \text{当且仅当}\ \boldsymbol{x} = 0\ \text{时})(\text{正定条件}) \\ \|\alpha\boldsymbol{x}\| = |\alpha| \, \|\boldsymbol{x}\|, \forall \alpha \in \mathbb{R}\ (\text{或}\ \alpha \in \mathbb{C}) \\ \|\boldsymbol{x} + \boldsymbol{y}\| \leqslant \|\boldsymbol{x}\| + \|\boldsymbol{y}\|\ (\text{三角不等式}) \end{cases} \tag{5.3.1}$$

则称 $N(\boldsymbol{x})$ 为 $\mathbb{R}^n$(或 $\mathbb{C}^n$)上的一个**向量范数**(或**模**)。由式(5.3.1)的第 3 个式子可推出以下不等式:

$$\big| \|\boldsymbol{x}\| - \|\boldsymbol{y}\| \big| \leqslant \|\boldsymbol{x} - \boldsymbol{y}\| \tag{5.3.2}$$

下面我们给出几种常用的向量范数。

向量的 ∞-范数(最大范数):$\|\boldsymbol{x}\|_\infty = \max_{1 \leqslant i \leqslant n} |x_i|$。容易验证这样定义的向量 $\boldsymbol{x}$ 的函数 $N(\boldsymbol{x}) = \|\boldsymbol{x}\|_\infty$ 满足向量范数的三个条件。

向量的 1-范数:$\|\boldsymbol{x}\|_1 = \sum_{i=1}^{n} |\boldsymbol{x}_i|$。同样可证 $N(\boldsymbol{x}) = \|\boldsymbol{x}\|_1$ 是 $\mathbb{R}^n$ 上的一个向量范数。

向量的 2-范数:$\|\boldsymbol{x}\|_2 = (\boldsymbol{x}, \boldsymbol{x})^{\frac{1}{2}} = \left(\sum_{i=1}^{n} x_i^2\right)^{\frac{1}{2}}$,易知 $N(\boldsymbol{x}) = \|\boldsymbol{x}\|_2$ 是 $\mathbb{R}^n$ 上的一个向量范数,称为向量 $\boldsymbol{x}$ 的欧氏范数。

向量的 p-范数:$\|\boldsymbol{x}\|_p = \left(\sum_{i=1}^{n} |\boldsymbol{x}_i|^p\right)^{\frac{1}{p}}$,其中 $p \in [1, \infty)$,可以证明向量函数 $N(\boldsymbol{x}) = \|\boldsymbol{x}\|_p$ 是 $\mathbb{R}^n$ 上的一个向量范数,且容易说明上述三种范数是 p-范数的特殊情况($\|\boldsymbol{x}\|_\infty = \lim_{p \to \infty} \|\boldsymbol{x}\|_p$)。

例 5.3 计算向量 $\boldsymbol{x} = (4, 1, -5)^{\mathrm{T}}$ 的各种范数。

解:$\|\boldsymbol{x}\|_1 = 10, \|\boldsymbol{x}\|_\infty = 5, \|\boldsymbol{x}\|_2 = \sqrt{42}$。

定义 5.3 设 $\{\boldsymbol{x}^{(k)}\}$ 为 $\mathbb{R}^n$ 中一向量序列,$\boldsymbol{x}^* \in \mathbb{R}^n$,记 $\boldsymbol{x}^{(k)} = (x_1^{(k)}, x_2^{(k)}, \cdots, x_n^{(k)})^{\mathrm{T}}$,$\boldsymbol{x}^* = (x_1^*, x_2^*, \cdots, x_n^*)^{\mathrm{T}}$。如果 $\lim_{k \to \infty} \boldsymbol{x}_i^{(k)} = \boldsymbol{x}_i^* \ (i = 1, 2, \cdots, n)$,则称 $\boldsymbol{x}^{(k)}$ 收敛于向量 $\boldsymbol{x}^*$,记为

$\lim\limits_{k\to\infty}\boldsymbol{x}^{(k)}=\boldsymbol{x}^*$。

下面我们给出矩阵的算子范数定义。

定义 5.4(矩阵的算子范数) 设 $\boldsymbol{x}\in\mathbb{R}^n,\boldsymbol{A}\in\mathbb{R}^{n\times n}$。给出一种向量范数 $\|\boldsymbol{x}\|_v$(如 $v=1,2$ 或 ∞),相应地定义一个矩阵的非负函数

$$\|\boldsymbol{A}\|_v=\max_{x\neq 0}\frac{\|\boldsymbol{A}\boldsymbol{x}\|_v}{\|\boldsymbol{x}\|_v}\tag{5.3.3}$$

可验证 $\|\boldsymbol{A}\|_v$ 满足定义 5.4,所以 $\|\boldsymbol{A}\|_v$ 是 $\mathbb{R}^{n\times n}$ 上的一个矩阵范数,称为 A 的**算子范数**,也称**从属范数**。

定理 5.5 设 $\|\boldsymbol{x}\|_v$ 是 $\mathbb{R}^n$ 上的一个向量范数,则 $\|\boldsymbol{A}\|_v$ 是 $\mathbb{R}^{n\times n}$ 上的一个矩阵范数,且满足相容条件

$$\|\boldsymbol{A}\boldsymbol{x}\|_v\leqslant\|\boldsymbol{A}\|_v\|\boldsymbol{x}\|_v\tag{5.3.4}$$

由定理 5.5 易知,矩阵范数 $\|\boldsymbol{A}\|_v$ 依赖于向量范数 $\|\boldsymbol{x}\|_v$ 的具体含义。也就是说,每一种具体的向量范数 $\|\boldsymbol{x}\|_v$ 都对应着一个相应的矩阵范数 $\|\boldsymbol{A}\|_v$。

定理 5.6 设 $\boldsymbol{x}\in\mathbb{R}^n,\boldsymbol{A}\in\mathbb{R}^{n\times n}$,则:

(1) $\|\boldsymbol{A}\|_\infty=\max\limits_{1\leqslant i\leqslant n}\sum\limits_{j=1}^{n}|a_{ij}|$(称为 $\boldsymbol{A}$ 的行范数);

(2) $\|\boldsymbol{A}\|_1=\max\limits_{1\leqslant j\leqslant n}\sum\limits_{i=1}^{n}|a_{ij}|$(称为 $\boldsymbol{A}$ 的列范数);

(3) $\|\boldsymbol{A}\|_2=\sqrt{\lambda_{\max}(\boldsymbol{A}^{\mathrm{T}}\boldsymbol{A})}$(称为 $\boldsymbol{A}$ 的 2-范数),其中 $\lambda_{\max}(\boldsymbol{A}^{\mathrm{T}}\boldsymbol{A})$ 表示 $\boldsymbol{A}^{\mathrm{T}}\boldsymbol{A}$ 的最大特征值。

由定理 5.6 可以看出,矩阵的 $\|\boldsymbol{A}\|_\infty$ 和 $\|\boldsymbol{A}\|_1$ 比较容易计算,但是在计算矩阵的 2-范数 $\|\boldsymbol{A}\|_2$ 时,需要计算 $\boldsymbol{A}^{\mathrm{T}}\boldsymbol{A}$ 的最大特征值,这在一定程度上增加了计算的难度。

5.4 误差分析

本节研究线性方程组 $\boldsymbol{A}\boldsymbol{x}=\boldsymbol{b}$ 在求解时的误差分析,其中设 $\boldsymbol{A}$ 为非奇异矩阵,$\boldsymbol{x}$ 为方程组的精确解。

在实际问题中,系数矩阵 $\boldsymbol{A}$ 或常数项 $\boldsymbol{b}$ 的元素是通过测量得到的,或者是计算的结果,因此在第一种情况中 $\boldsymbol{A}$(或 $\boldsymbol{b}$)常带有某些观测误差,在后一种情况中 $\boldsymbol{A}$(或 $\boldsymbol{b}$)又包含舍入误差,处理的实际矩阵是 $\boldsymbol{A}+\delta\boldsymbol{A}$(或 $\boldsymbol{b}+\delta\boldsymbol{b}$),下面研究数据 $\boldsymbol{A}$(或 $\boldsymbol{b}$)的微小误差对解的影响。

首先考察下面的例子。

例 5.4 设有线性方程组

$$\begin{pmatrix}1 & 1\\ 1 & 1.0001\end{pmatrix}\begin{pmatrix}x_1\\ x_2\end{pmatrix}=\begin{pmatrix}2\\ 2\end{pmatrix}\tag{5.4.1}$$

记为 $\boldsymbol{A}\boldsymbol{x}=b$,它的精确解为 $\boldsymbol{x}=(2,0)^{\mathrm{T}}$。

现在考虑常数项的微小变化对线性方程组解的影响,即考察线性方程组

$$\begin{pmatrix}1 & 1\\1 & 1.0001\end{pmatrix}\begin{pmatrix}y_1\\y_2\end{pmatrix}=\begin{pmatrix}2\\2.0001\end{pmatrix} \tag{5.4.2}$$

也可表示为 $\boldsymbol{A}(\boldsymbol{x}+\delta\boldsymbol{x})=\boldsymbol{b}+\delta\boldsymbol{b}$。其中,$\delta\boldsymbol{b}=(0,0.0001)^{\mathrm{T}}$,$\boldsymbol{y}=\boldsymbol{x}+\delta\boldsymbol{x}$,$\boldsymbol{x}$ 为式(5.4.1)的解。显然线性方程组(5.4.2)的解为 $\boldsymbol{x}+\delta\boldsymbol{x}=(1,1)^{\mathrm{T}}$。

线性方程组(5.4.1)的常数项 $\boldsymbol{b}$ 的第 2 个分量只有 $\frac{1}{10000}$ 的微小变化,方程组的解却变化很大。这样的线性方程组称为"病态"方程组。

定义 5.5 如果矩阵 $\boldsymbol{A}$ 或常数项 $\boldsymbol{b}$ 的微小变化,引起线性方程组 $\boldsymbol{Ax}=\boldsymbol{b}$ 解的巨大变化,则此线性方程组称为"病态"方程组,矩阵 $\boldsymbol{A}$ 称为"病态"矩阵(相对于方程组而言);否则,此线性方程组称为"良态"方程组,矩阵 $\boldsymbol{A}$ 称为"良态"矩阵。

应该注意,矩阵的"病态"性质是矩阵本身的特性,下面希望找出刻画矩阵"病态"性质的量。设有线性方程组

$$\boldsymbol{Ax}=\boldsymbol{b} \tag{5.4.3}$$

其中,$\boldsymbol{A}$ 为非奇异矩阵,$\boldsymbol{x}$ 为线性方程组(5.4.3)的精确解。下面研究线性方程组的系数矩阵 $\boldsymbol{A}$(或 $\boldsymbol{b}$)的微小误差(扰动)对解的影响。

定理 5.7 设 $\boldsymbol{A}$ 是非奇异矩阵,$\boldsymbol{Ax}=\boldsymbol{b}\neq 0$,且

$$\boldsymbol{A}(\boldsymbol{x}+\delta\boldsymbol{x})=\boldsymbol{b}+\delta\boldsymbol{b}$$

则

$$\frac{\|\delta\boldsymbol{x}\|}{\|\boldsymbol{x}\|}\leqslant\|\boldsymbol{A}^{-1}\|\,\|\boldsymbol{A}\|\,\frac{\|\delta\boldsymbol{b}\|}{\|\boldsymbol{b}\|}$$

定理 5.7 表明,常数项 $\boldsymbol{b}$ 的相对误差在解中可能被放大 $\|\boldsymbol{A}^{-1}\|\,\|\boldsymbol{A}\|$ 倍。

定理 5.8 设 $\boldsymbol{A}$ 为非奇异矩阵,$\boldsymbol{Ax}=\boldsymbol{b}\neq 0$,且

$$(\boldsymbol{A}+\delta\boldsymbol{A})(\boldsymbol{x}+\delta\boldsymbol{x})=\boldsymbol{b}$$

如果 $\|\boldsymbol{A}^{-1}\|\,\|\delta\boldsymbol{A}\|<1$,则 $\dfrac{\|\delta\boldsymbol{x}\|}{\|\boldsymbol{x}\|}\leqslant\dfrac{\|\boldsymbol{A}^{-1}\|\,\|\boldsymbol{A}\|\,\dfrac{\|\delta\boldsymbol{A}\|}{\|\boldsymbol{A}\|}}{1-\|\boldsymbol{A}^{-1}\|\,\|\boldsymbol{A}\|\,\dfrac{\|\delta\boldsymbol{A}\|}{\|\boldsymbol{A}\|}}$。

定理 5.8 表明,如果 $\delta\boldsymbol{A}$ 充分小,且在条件 $\|\boldsymbol{A}^{-1}\|\,\|\delta\boldsymbol{A}\|<1$ 下,那么矩阵 $\boldsymbol{A}$ 的相对误差 $\dfrac{\|\delta\boldsymbol{A}\|}{\|\boldsymbol{A}\|}$ 在解中可能被放大 $\|\boldsymbol{A}^{-1}\|\,\|\boldsymbol{A}\|$ 倍。

总之,量 $\|\boldsymbol{A}^{-1}\|\,\|\boldsymbol{A}\|$ 越小,由 $\boldsymbol{A}$(或 $\boldsymbol{b}$)的相对误差引起的解的相对误差就越小;量 $\|\boldsymbol{A}^{-1}\|\,\|\boldsymbol{A}\|$ 越大,解的相对误差就越大。所以量 $\|\boldsymbol{A}^{-1}\|\,\|\boldsymbol{A}\|$ 实际上刻画了解对原始数据变化的灵敏程度,即刻画了方程组的"病态"程度,于是引进下述定义。

定义 5.6 设 $\boldsymbol{A}$ 为非奇异矩阵,称数 $\mathrm{cond}(\boldsymbol{A})_v=\|\boldsymbol{A}^{-1}\|_v\,\|\boldsymbol{A}\|_v$($v=1,2$ 或 ∞)为矩阵 $\boldsymbol{A}$ 的条件数。

由此看出,矩阵的条件数与范数有关,$\boldsymbol{A}$ 的条件数越大,方程组的病态程度越严重,也

就越难用一般的计算方法求得比较精确的解。

通常使用的条件数有

(1) $\text{cond}(\boldsymbol{A})_\infty = \|\boldsymbol{A}^{-1}\|_\infty \|\boldsymbol{A}\|_\infty$;

(2) $\boldsymbol{A}$ 的谱条件数

$$\text{cond}(\boldsymbol{A})_2 = \|\boldsymbol{A}^{-1}\|_2 \|\boldsymbol{A}\|_2 = \sqrt{\frac{\lambda_{\max}(\boldsymbol{A}^{\mathrm{T}}\boldsymbol{A})}{\lambda_{\min}(\boldsymbol{A}\boldsymbol{A}^{\mathrm{T}})}}$$

当 $\boldsymbol{A}$ 为对称矩阵时

$$\text{cond}(\boldsymbol{A})_2 = \frac{|\lambda_1|}{|\lambda_n|}$$

其中,λ_1、λ_n 分别为 $\boldsymbol{A}$ 的绝对值最大和绝对值最小的特征值。

例 5.5 已知希尔伯特(Hilbert)矩阵

$$\boldsymbol{H}_n = \begin{pmatrix} 1 & \frac{1}{2} & \cdots & \frac{1}{n} \\ \frac{1}{2} & \frac{1}{3} & \cdots & \frac{1}{n+1} \\ \vdots & \vdots & & \vdots \\ \frac{1}{n} & \frac{1}{1+n} & \cdots & \frac{1}{2n-1} \end{pmatrix}$$

计算 $\boldsymbol{H}_3$ 的条件数。

解:

$$\boldsymbol{H}_n = \begin{pmatrix} 1 & \frac{1}{2} & \frac{1}{3} \\ \frac{1}{2} & \frac{1}{3} & \frac{1}{4} \\ \frac{1}{3} & \frac{1}{4} & \frac{1}{5} \end{pmatrix}, \boldsymbol{H}_3^{-1} = \begin{pmatrix} 9 & -36 & 30 \\ -36 & 192 & -180 \\ 30 & -180 & 180 \end{pmatrix}$$

(1)计算 $\boldsymbol{H}_3$ 的条件数 $\text{cond}(\boldsymbol{H}_3)_\infty$:

$\|\boldsymbol{H}_3\|_\infty = \frac{11}{6}$, $\|\boldsymbol{H}_3^{-1}\|_\infty = 408$,所以 $\text{cond}(\boldsymbol{H}_3)_\infty = 748$。同样可计算 $\text{cond}(\boldsymbol{H}_6)_\infty = 2.9 \times 10^7$,$\text{cond}(\boldsymbol{H}_7)_\infty = 9.85 \times 10^8$。当 n 越大时,$\boldsymbol{H}_n$ 矩阵的病态程度越严重。

(2)考虑线性方程组

$$\boldsymbol{H}_3\boldsymbol{x} = \left(\frac{11}{6}, \frac{13}{12}, \frac{47}{60}\right)^{\mathrm{T}} = \boldsymbol{b}$$

设 $\boldsymbol{H}_3$ 及 $\boldsymbol{b}$ 有微小误差(取 3 位有效数字),有

$$\begin{pmatrix} 1.00 & 0.500 & 0.333 \\ 0.500 & 0.333 & 0.250 \\ 0.333 & 0.250 & 0.200 \end{pmatrix} \begin{bmatrix} x_1 + \delta x_1 \\ x_2 + \delta x_2 \\ x_3 + \delta x_3 \end{bmatrix} = \begin{pmatrix} 1.83 \\ 1.08 \\ 0.783 \end{pmatrix} \tag{5.4.4}$$

简记为 $(\boldsymbol{H}_3+\delta\boldsymbol{H}_3)(\boldsymbol{x}+\delta\boldsymbol{x})=\boldsymbol{b}+\delta\boldsymbol{b}$。线性方程组 $\boldsymbol{H}_3\boldsymbol{x}=\boldsymbol{b}$ 与线性方程组(5.4.4)的精确解分别为 $\boldsymbol{x}=(1,1,1)^{\mathrm{T}}$, $\boldsymbol{x}+\delta\boldsymbol{x}=(1.08951238,0.487967062,1.491002798)^{\mathrm{T}}$。于是

$$\delta\boldsymbol{x}=(0.0895,\ -0.5120,0.4910)^{\mathrm{T}}$$

$$\frac{\|\delta\boldsymbol{H}_3\|_\infty}{\|\boldsymbol{H}_3\|_\infty}\approx 0.18\times 10^{-3}<0.02\%$$

$$\frac{\|\delta\boldsymbol{b}\|_\infty}{\|\boldsymbol{b}\|_\infty}\approx 0.182\%,\frac{\|\delta\boldsymbol{x}\|_\infty}{\|\boldsymbol{x}\|_\infty}\approx 51.2\%$$

这就是说 $\boldsymbol{H}_3$ 与 $\boldsymbol{b}$ 的相对误差不超过 0.3%,而引起解的相对误差超过 50%。

习题

1.用高斯消去法计算 $\begin{cases}2x_1+6x_2-4x_3=3\\x_1+5x_2-x_3=0\\3x_1-x_2+x_3=6\end{cases}$,并计算系数矩阵 $\boldsymbol{A}$ 的行列式。

2.用直接三角分解法解 $\begin{cases}x_1+2x_2+3x_3=4\\2x_1+5x_2+15x_3=9\\6x_1-15x_2+30x_3=16\end{cases}$。

3.计算向量 $\boldsymbol{x}=(4,\ -2,5)^{\mathrm{T}}$ 的各种范数。

4.判断下列矩阵能否分解为 $\boldsymbol{LU}$(其中,$\boldsymbol{L}$ 为单位下三角矩阵,$\boldsymbol{U}$ 为上三角阵)。若能分解,那么分解是否唯一?

$$\boldsymbol{A}=\begin{pmatrix}1&4&3\\2&1&2\\1&0&1\end{pmatrix},\ \boldsymbol{B}=\begin{pmatrix}1&2&2\\1&2&4\\1&1&1\end{pmatrix}$$

5.用改进的平方根法求解线性方程组 $\boldsymbol{Ax}=\boldsymbol{b}$。

$$\boldsymbol{A}=\begin{pmatrix}2&4&-4\\4&7&-10\\-4&-10&7\end{pmatrix},\ \boldsymbol{b}=\begin{pmatrix}8\\12\\-21\end{pmatrix}$$

第6章 解线性方程组的迭代法

6.1 迭代法的基本思想

考虑线性方程组

$$\boldsymbol{Ax}=\boldsymbol{b} \tag{6.1.1}$$

将其转化成 $\boldsymbol{x}=\boldsymbol{Bx}+\boldsymbol{f}$,如果其有唯一解 $\boldsymbol{x}^*$,则

$$\boldsymbol{x}^*=\boldsymbol{Bx}^*+\boldsymbol{f} \tag{6.1.2}$$

记 $\boldsymbol{x}^{(0)}$ 为任取的初始向量,按式(6.1.1)得到向量序列

$$\boldsymbol{x}^{(k+1)}=\boldsymbol{Bx}^{(k)}+\boldsymbol{f},\ k=0,1,2,\cdots \tag{6.1.3}$$

其中, k 表示迭代次数。

定义 6.1 (1)对于给定的线性方程组 $\boldsymbol{x}=\boldsymbol{Bx}+\boldsymbol{f}$,用式(6.1.3) 逐步代入求近似解的方法称为迭代法(或称为一阶定常迭代法,这里的 $\boldsymbol{B}$ 与 k 无关)。

(2)如果 $\lim\limits_{k\to\infty}\boldsymbol{x}^{(k)}$ 存在(记为 $\boldsymbol{x}^*$),称此迭代法收敛,显然 $\boldsymbol{x}^*$ 就是此方程组的解;否则,称此迭代法发散。

定理 6.1 $\lim\boldsymbol{A}_k=0$ 的充分必要条件是

$$\lim\boldsymbol{A}_k\boldsymbol{x}=0,\ \forall\,\boldsymbol{x}\in\mathbb{R}^n \tag{6.1.4}$$

其中两个极限右端分别指零矩阵和零向量。

证明:对任一种矩阵的从属范数有

$$\|\boldsymbol{A}_k\boldsymbol{x}\|\leqslant\|\boldsymbol{A}_k\|\,\|\boldsymbol{x}\|$$

若 $\lim\limits_{k\to\infty}\boldsymbol{A}_k=0$,则 $\lim\limits_{k\to\infty}\|\boldsymbol{A}_k\|=0$。故对一切 $\boldsymbol{x}\in\mathbb{R}^n$,有 $\lim\limits_{k\to\infty}\|\boldsymbol{A}_k\boldsymbol{x}\|=0$,所以式(6.1.4) 成立。

反之,若式(6.1.4)成立,取 $\boldsymbol{x}$ 为第 j 个向量坐标 $\boldsymbol{e}_j$,则 $\lim\limits_{k\to\infty}\boldsymbol{A}_k\boldsymbol{e}_j=0$,表示 $\boldsymbol{A}_k$ 的第 j 列元素极限均为零,当 $j=1,2,\cdots,n$ 时就证明了 $\lim\limits_{k\to\infty}\boldsymbol{A}_k=0$,证毕。

定理 6.2 设 $\boldsymbol{B}\in\mathbb{R}^{n\times n}$,则下面三个命题等价:

(1) $\lim\limits_{k\to\infty}\boldsymbol{B}^k=0$;(2) $\rho(\boldsymbol{B})<1$;(3)至少存在一种从属的矩阵范数 $\|\cdot\|_\varepsilon$,使 $\|\boldsymbol{B}\|_\varepsilon<1$。

证明：(1) ⇒(2)　用反证法，假定 $\boldsymbol{B}$ 有一个特征值 λ，满足 $|\lambda| \geqslant 1$，则存在 $\boldsymbol{x} \neq 0$，使 $\boldsymbol{Bx} = \boldsymbol{\lambda x}$。由此可得 $\|\boldsymbol{B}^k\boldsymbol{x}\| = |\lambda|^k \|\boldsymbol{x}\|$，当 $k \to \infty$ 时 $\{\boldsymbol{B}^k\boldsymbol{x}\}$ 不收敛于零向量。由定理6.1可知(1) 不成立，从而 $|\lambda| < 1$，即(2) 成立。

(2) ⇒(3)　由 $\rho(\boldsymbol{A}) \leqslant \|\boldsymbol{A}\|$ 可知，对任意 $\varepsilon > 0$，存在一种从属范数 $\|\cdot\|$，使 $\|\boldsymbol{B}\|_\varepsilon \leqslant \rho(\boldsymbol{B}) + \varepsilon$。由(2) 有 $\rho(\boldsymbol{B}) < 1$，适当选择 $\varepsilon > 0$，可使 $\|\boldsymbol{B}\|_\varepsilon < 1$，即(3) 成立。

(3) ⇒(1)　(3) 给出的矩阵范数 $\|\boldsymbol{B}\|_\varepsilon < 1$，由于 $\|\boldsymbol{B}\|_\varepsilon < \|\boldsymbol{B}\|_\varepsilon^k$，可得 $\lim\limits_{k\to\infty} \|\boldsymbol{B}^k\|_\varepsilon = 0$，从而有 $\lim\limits_{k\to\infty}\boldsymbol{B}^k = 0$，即(1) 成立。

下面给出迭代法收敛的充分必要条件。

定理 6.3　给定线性方程组 $\boldsymbol{Ax} = \boldsymbol{b}$ 及一阶定常迭代法 $\boldsymbol{x}^{(k+1)} = \boldsymbol{Bx}^{(k)} + \boldsymbol{f}$，对于任意选取的初始向量 $\boldsymbol{x}^{(0)}$，迭代法收敛的充分必要条件是矩阵 $\boldsymbol{B}$ 的谱半径 $\rho(\boldsymbol{B}) < 1$。

证明：

(1)充分性：设 $\rho(\boldsymbol{B}) < 1$，易知 $\boldsymbol{Ax} = \boldsymbol{f}$（其中 $\boldsymbol{A} = \boldsymbol{I} - \boldsymbol{B}$）有唯一解，记为 $\boldsymbol{x}^*$，则

$$\boldsymbol{x} = \boldsymbol{Bx}^* + \boldsymbol{f}$$

误差向量

$$\boldsymbol{\varepsilon}^{(k)} = \boldsymbol{x}^{(k)} - \boldsymbol{x}^* = \boldsymbol{B}^k\boldsymbol{\varepsilon}^{(0)}, \quad \boldsymbol{\varepsilon}^{(0)} = \boldsymbol{x}^{(0)} = \boldsymbol{x}^*$$

由设 $\rho(\boldsymbol{B}) < 1$，应用定理6.2，有 $\lim\limits_{k\to\infty}\boldsymbol{B}^k = 0$。于是对任意 $\boldsymbol{x}^{(0)}$ 有 $\lim\limits_{k\to\infty}\boldsymbol{\varepsilon}^k = 0$，即 $\lim\limits_{k\to\infty}\boldsymbol{x}^{(k)} = \boldsymbol{x}^*$。

(2)必要性：设对任意 $\boldsymbol{x}^{(0)}$ 有

$$\lim_{k\to\infty}\boldsymbol{x}^{(k)} = \boldsymbol{x}^*$$

其中，$\boldsymbol{x}^{(k+1)} = \boldsymbol{Bx}^{(k)} + \boldsymbol{f}$。显然，极限 $\boldsymbol{x}^*$ 是线性方程组 $\boldsymbol{Ax} = \boldsymbol{b}$ 的解，且对任意 $\boldsymbol{x}^{(0)}$ 有

$$\boldsymbol{\varepsilon}^{(k)} = \boldsymbol{x}^{(k)} - \boldsymbol{x}^* = \boldsymbol{B}^k\boldsymbol{\varepsilon}^{(0)} \to 0 \quad (k \to \infty)$$

由定理 6.1 可知

$$\lim_{k\to\infty}\boldsymbol{B}^k = 0$$

再根据定理 6.2，即得 $\rho(\boldsymbol{B}) < 1$。

例 6.1　考察用迭代法解线性方程组

$$\boldsymbol{x}^{(k+1)} = \boldsymbol{Bx}^{(k)} + \boldsymbol{f}$$

的收敛性。其中，$\boldsymbol{B} = \begin{pmatrix} 0 & 4 \\ 2 & 0 \end{pmatrix}$，$\boldsymbol{f} = \begin{pmatrix} 1 \\ 3 \end{pmatrix}$。

解：特征方程为 $\det(\lambda\boldsymbol{I} - \boldsymbol{B}) = \lambda^2 - 8 = 0$，特征根 $\lambda_{1,2} = \pm 2\sqrt{2}$，即 $\rho(\boldsymbol{B}) > 1$。这说明用迭代法解此方程组不收敛。

6.2　雅可比迭代法与高斯-赛德尔迭代法

6.2.1　雅可比迭代法

将线性方程组(6.1.1)中的系数矩阵 $\boldsymbol{A} = (a_{ij}) \in \mathbb{R}^{n\times n}$ 分成三部分

$$A=\begin{pmatrix}a_{11}&&&\\&a_{22}&&\\&&\ddots&\\&&&a_{nn}\end{pmatrix}-\begin{pmatrix}0&&&&\\-a_{21}&0&&&\\\vdots&\vdots&\ddots&&\\-a_{(n-1)1}&-a_{(n-1)2}&\cdots&0&\\-a_{n1}&-a_{n2}&\cdots&-a_{n(n-1)}&0\end{pmatrix}-$$

$$\begin{pmatrix}0&-a_{12}&\cdots&-a_{1(n-1)}&-a_{1n}\\&0&\cdots&-a_{2(n-1)}&-a_{2n}\\&&\ddots&\vdots&\vdots\\&&&0&-a_{(n-1)n}\\&&&&0\end{pmatrix}$$

$$=D-L-U \tag{6.2.1}$$

设 $a_{ii}\neq 0(i=1,2,\cdots,n)$，令 $B=I-D^{-1}A=D^{-1}(L+U)\equiv J,f=D^{-1}b$,则得到雅可比(Jacobi)迭代法

$$\begin{cases}x^{(0)} & (初始向量)\\x^{(k+1)}=Bx^{(x)}+f,\ k=0,1,\cdots\end{cases}\tag{6.2.2}$$

解 $Ax=b$ 得雅可比迭代法的计算公式为

$$\begin{cases}x^{(0)}=(x_1^{(0)},x_2^{(0)},\cdots,x_n^{(0)})^{\mathrm T}\\x_i^{(k+1)}=\left(b_i-\sum\limits_{\substack{j=1\\j\neq i}}^{n}a_{ij}x_j^{(k)}\right)/a_{ii},\ i=1,2,\cdots,n;k=0,1,\cdots \text{ 表示迭代次数}\end{cases}\tag{6.2.3}$$

6.2.2　高斯-赛德尔迭代法

令 $B=I-(D-L)^{-1}A=(D-L)^{-1}U\equiv G,f=(D-L)^{-1}b$，则得到高斯-赛德尔(Gauss-Seidel)迭代法

$$\begin{cases}x^{(0)} & (初始向量)\\x^{(k+1)}=Bx^{(k)}+f,\ k=0,1,\cdots\end{cases}\tag{6.2.4}$$

$Ax=b$ 的高斯-赛德尔迭代法计算公式为

$$\begin{cases}x^{(0)}=(x_1^{(0)},\cdots,x_n^{(0)})^{\mathrm T}\\x_i^{(k+1)}=\left(b_i-\sum\limits_{j=1}^{i-1}a_{ij}x_j^{(k+1)}-\sum\limits_{j=i+1}^{n}a_{ij}x_j^{(k)}\right)/a_{ii},\ i=1,2,\cdots,n;k=0,1,\cdots\end{cases}\tag{6.2.5}$$

或

$$\begin{cases}x^{(0)}=(x_1^{(0)},\cdots,x_n^{(0)})^{\mathrm T}\\x_i^{(k+1)}=x_i^{(k)}+\Delta x_i\\\Delta x_i=\left(b_i-\sum\limits_{j=1}^{i-1}a_{ij}x_j^{(k+1)}-\sum\limits_{j=i+1}^{n}a_{ij}x_j^{(k)}\right)/a_{ii},\ i=1,2,\cdots,n;k=0,1,\cdots\end{cases}\tag{6.2.6}$$

6.2.3 雅可比迭代法与高斯-赛德尔迭代法的收敛性

定理 6.4 设 $\boldsymbol{Ax}=\boldsymbol{b}$,其中 $\boldsymbol{A}=\boldsymbol{D}-\boldsymbol{L}-\boldsymbol{U}$ 为非奇异矩阵,对角矩阵 $\boldsymbol{D}$ 也非奇异,则:

(1)解线性方程组的雅可比迭代法收敛的充分必要条件是 $\rho(\boldsymbol{J})<1$,其中 $\boldsymbol{J}=\boldsymbol{D}^{-1}(\boldsymbol{L}+\boldsymbol{U})$;

(2)解线性方程组的高斯-赛德尔迭代法收敛的充分必要条件是 $\rho(\boldsymbol{G})<1$,其中 $\boldsymbol{G}=(\boldsymbol{D}-\boldsymbol{L})^{-1}\boldsymbol{U}$。

定义 6.2(对角占优矩阵) 设 $\boldsymbol{A}=(a_{ij})_{n\times n}$。

(1)如果 $\boldsymbol{A}$ 的元素满足

$$|a_{ii}|>\sum_{\substack{j=1\\ j\neq i}}^{n}|a_{ij}|,\ i=1,2,\cdots,n$$

称 $\boldsymbol{A}$ 为严格对角占优矩阵。

(2)如果 $\boldsymbol{A}$ 的元素满足

$$|a_{ii}|\geqslant\sum_{\substack{j=1\\ j\neq i}}^{n}|a_{ij}|,\ i=1,2,\cdots,n$$

且上式至少有一个不等式严格成立,则称 $\boldsymbol{A}$ 为弱对角占优矩阵。

定义 6.3(可约与不可约矩阵) 设 $\boldsymbol{A}=(a_{ij})_{n\times n}(n\geqslant 2)$,如果存在置换矩阵 $\boldsymbol{P}$ 使

$$\boldsymbol{P}^{\mathrm{T}}\boldsymbol{AP}=\begin{pmatrix}A_{11} & A_{12}\\ 0 & A_{22}\end{pmatrix} \tag{6.2.7}$$

其中,$\boldsymbol{A}_{11}$ 为 r 阶方阵,$\boldsymbol{A}_{22}$ 为 $n-r$ 阶方阵($1\leqslant r<n$),则称 $\boldsymbol{A}$ 为可约矩阵;否则,如果不存在置换矩阵 $\boldsymbol{P}$ 使式(6.2.7)成立,则称 $\boldsymbol{A}$ 为不可约矩阵。

定理 6.5(对角占优定理) 如果 $\boldsymbol{A}=(a_{ij})_{n\times n}$ 为严格对角占优矩阵或弱对角占优不可约矩阵,则 $\boldsymbol{A}$ 为非奇异矩阵。

证明:只就 $\boldsymbol{A}$ 为严格对角占优矩阵证明此定理。采用反证法,如果 $\det(\boldsymbol{A})=0$,则 $\boldsymbol{Ax}=0$ 有非零解,记为 $\boldsymbol{x}=(x_1,x_2,\cdots,x_n)^{\mathrm{T}}$,则 $|x_k|=\max\limits_{1\leqslant i\leqslant n}|x_i|\neq 0$。

由齐次方程组第 k 个方程

$$\sum_{j=1}^{n}a_{kj}x_j=0$$

有

$$|a_{kk}x_k|=\left|\sum_{\substack{j=1\\ j\neq k}}^{n}a_{kj}x_j\right|\leqslant\sum_{\substack{j=1\\ j\neq k}}^{n}|a_{kj}|\,|x_j|\leqslant|x_k|\sum_{\substack{j=1\\ j\neq k}}^{n}|a_{kj}|$$

即 $|a_{kk}|\leqslant\sum\limits_{\substack{j=1\\ j\neq k}}^{n}|a_{kj}|$,与假设矛盾,故 $\det(\boldsymbol{A})\neq 0$。

定理 6.6 设 $\boldsymbol{Ax}=\boldsymbol{b}$,如果:

(1) $\boldsymbol{A}$ 为严格对角占优矩阵,则解 $\boldsymbol{Ax}=\boldsymbol{b}$ 的雅可比迭代法、高斯-赛德尔迭代法均收敛;

(2) $\boldsymbol{A}$ 为弱对角占优矩阵,且 $\boldsymbol{A}$ 为不可约矩阵,则解 $\boldsymbol{Ax}=\boldsymbol{b}$ 的雅可比迭代法、高斯-赛德尔迭代法均收敛。

证明:只证(1)中高斯-赛德尔迭代法收敛,其他同理可证。

由假设可知,$a_{ii}\neq 0(i=1,2,\cdots,n)$,解 $\boldsymbol{Ax}=\boldsymbol{b}$ 的高斯-赛德尔迭代法的迭代矩阵为 $\boldsymbol{G}=(\boldsymbol{D}-\boldsymbol{L})^{-1}\boldsymbol{U}(\boldsymbol{A}=\boldsymbol{D}-\boldsymbol{L}-\boldsymbol{U})$。下面考察 $\boldsymbol{G}$ 的特征值情况。

$$\det(\lambda\boldsymbol{I}-\boldsymbol{G})=\det(\lambda\boldsymbol{I}-(\boldsymbol{D}-\boldsymbol{L})^{-1}\boldsymbol{U})=\det((\boldsymbol{D}-\boldsymbol{L})^{-1})\det(\lambda(\boldsymbol{D}-\boldsymbol{L})-\boldsymbol{U})$$

由于 $\det((\boldsymbol{D}-\boldsymbol{L})^{-1})\neq 0$,于是 $\boldsymbol{G}$ 的特征值即为 $\det(\lambda(\boldsymbol{D}-\boldsymbol{L})-\boldsymbol{U})=0$ 之根。记

$$\boldsymbol{C}\equiv\lambda(\boldsymbol{D}-\boldsymbol{L})-\boldsymbol{U}=\begin{pmatrix}\lambda a_{11} & a_{12} & \cdots & a_{1n}\\ \lambda a_{21} & \lambda a_{22} & \cdots & a_{2n}\\ \vdots & \vdots & & \vdots\\ \lambda a_{n1} & \lambda a_{n2} & \cdots & \lambda a_{nn}\end{pmatrix}$$

下面来证明,当 $|\lambda|\geqslant 1$ 时,$\det(\boldsymbol{C})\neq 0$,即 $\boldsymbol{G}$ 的特征值满足 $|\lambda|<1$,由基本定理,则有高斯-赛德尔迭代法收敛。

实际上,当 $|\lambda|\geqslant 1$ 时,由于 $\boldsymbol{A}$ 为严格对角占优矩阵,则有

$$|c_{ii}|=|\lambda a_{ii}|>|\lambda|(\sum_{j=1}^{i-1}|a_{ij}|+\sum_{j=i+1}^{n}|a_{ij}|)$$
$$\geqslant\sum_{j=1}^{i-1}|\lambda a_{ij}|+\sum_{j=i+1}^{n}|a_{ij}|=\sum_{\substack{j=1\\ j\neq i}}^{n}|c_{ij}|,i=1,2,\cdots,n$$

这说明,当 $|\lambda|\geqslant 1$ 时,矩阵 $\boldsymbol{C}$ 为严格对角占优矩阵,再由对角占优定理有 $\det(\boldsymbol{C})\neq 0$。

6.3　超松弛迭代法

令

$$\boldsymbol{L}_{\omega}\equiv\boldsymbol{I}-\omega(\boldsymbol{D}-\omega\boldsymbol{L})^{-1}\boldsymbol{A}=(\boldsymbol{D}-\omega\boldsymbol{L})^{-1}[(1-\omega)\boldsymbol{D}+\omega\boldsymbol{U}]\tag{6.3.1}$$

则得到逐次超松弛迭代法(或称 SOR 迭代法)。

解: $\boldsymbol{Ax}=\boldsymbol{b}$ 的 SOR 迭代法计算公式

$$\begin{cases}\boldsymbol{x}^{(0)}=(x_1^{(0)},\cdots,x_n^{(0)})^{\mathrm{T}}\\ x_i^{(k+1)}=x_i^{(k)}+\omega\left(b_i-\sum_{j=1}^{i-1}a_{ij}x_j^{(k+1)}-\sum_{j=i+1}^{n}a_{ij}x_j^{(k)}\right)/a_{ii},i=1,2,\cdots,n;k=0,1,\cdots;\omega\text{ 为松弛因子}\end{cases}\tag{6.3.2}$$

或

$$\begin{cases}\boldsymbol{x}^{(0)}=(x_1^{(0)},\cdots,x_n^{(0)})^{\mathrm{T}}\\ x_i^{(k+1)}=x_i^{(k)}+\Delta x_i\\ \Delta x_i=\omega\left(b_i-\sum\limits_{j=1}^{i-1}a_{ij}x_j^{(k+1)}-\sum\limits_{j=i+1}^{n}a_{ij}x_j^{(k)}\right)/a_{ii},i=1,2,\cdots,n;k=0,1,\cdots n;\omega\text{ 为松弛因子}\end{cases}\tag{6.3.3}$$

(1)显然,当 $\omega=1$ 时,SOR 迭代法即为高斯-赛德尔迭代法。

(2)SOR 迭代法每迭代一次的主要运算量是计算一次矩阵与向量的乘积。

(3)当 $\omega>1$ 时,称为超松弛法;当 $\omega<1$ 时,称为低松弛法。

(4)在计算机上实现时可以用

$$\max_{1\leqslant i\leqslant n}|\Delta x_i|=\max_{1\leqslant i\leqslant n}\left|x_i^{(k+1)}-x_i^{(k)}\right|<\varepsilon$$

控制迭代终止,或用 $\|r^{(k)}\|_\infty=\|\boldsymbol{b}-\boldsymbol{A}\boldsymbol{x}^{(k)}\|_\infty<\varepsilon$ 控制迭代终止。

定理 6.7(SOR 迭代法收敛的必要条件) 设解线性方程组 $\boldsymbol{A}\boldsymbol{x}=\boldsymbol{b}$ 的 SOR 迭代法收敛,则 $0<\omega<2$。

证明:由设 SOR 迭代法收敛及定理 6.3 有 $\rho(\boldsymbol{L}_\omega)<1$,设 $\boldsymbol{L}_\omega$ 的特征值为 $\lambda_1,\lambda_2,\cdots,\lambda_n$,则 $|\det(\boldsymbol{L}_\omega)|=|\lambda_1\lambda_2\cdots\lambda_n|\leqslant[\rho(\boldsymbol{L}_\omega)]^n$, 或 $|\det(\boldsymbol{L}_\omega)|^{1/n}\leqslant\rho(\boldsymbol{L}_\omega)<1$。

此外

$$\det(\boldsymbol{L}_\omega)=\det[(\boldsymbol{D}-\omega\boldsymbol{L})^{-1}]\det((1-\omega)\boldsymbol{D}+\omega\boldsymbol{U})=(1-\omega)^n$$

从而

$$|\det(\boldsymbol{L}_\omega)|^{1/n}=|1-\omega|\leqslant\rho(\boldsymbol{L}_\omega)<1\tag{6.3.4}$$

即

$$0<\omega<2$$

定理 6.7 说明如果使得解 $\boldsymbol{A}\boldsymbol{x}=\boldsymbol{b}$ 的 SOR 迭代法收敛,则松弛因子 ω 的取值范围为(0, 2)。

定理 6.8 设 $\boldsymbol{A}\boldsymbol{x}=\boldsymbol{b}$,如果:

(1) $\boldsymbol{A}$ 为对称正定矩阵, $\boldsymbol{A}=\boldsymbol{D}-\boldsymbol{L}-\boldsymbol{U}$,

(2) $0<\omega<2$,

则解 $\boldsymbol{A}\boldsymbol{x}=\boldsymbol{b}$ 的 SOR 迭代法收敛。

证明:在上述假定下,若能证明 $|\lambda|<1$,那么定理得证(其中 λ 为 $\boldsymbol{L}_\omega$ 的任一特征值)。

实际上,设 $\boldsymbol{y}$ 为对应 λ 的 $\boldsymbol{L}_\omega$ 的特征向量,即

$$\boldsymbol{L}_\omega\boldsymbol{y}=\lambda\boldsymbol{y},\ \boldsymbol{y}=(y_1,y_2,\cdots,y_n)^{\mathrm{T}}\neq 0$$

$$(\boldsymbol{D}-\omega\boldsymbol{L})^{-1}[(1-\omega)\boldsymbol{D}+\omega\boldsymbol{U}]\boldsymbol{y}=\lambda\boldsymbol{y}$$

亦即

$$[(1-\omega)\boldsymbol{D}+\omega\boldsymbol{U}]\boldsymbol{y}=\lambda(\boldsymbol{D}-\omega\boldsymbol{L})\boldsymbol{y}$$

为了找出 λ 的表达式,考虑数量积

$$([(1-\omega)\boldsymbol{D}+\omega\boldsymbol{U}]\boldsymbol{y},\boldsymbol{y})=\lambda((\boldsymbol{D}-\omega\boldsymbol{L})\boldsymbol{y},\boldsymbol{y})$$

则

$$\lambda = \frac{(\boldsymbol{Dy},\boldsymbol{y}) - \omega(\boldsymbol{Dy},\boldsymbol{y}) + \omega(\boldsymbol{Uy},\boldsymbol{y})}{(\boldsymbol{Dy},\boldsymbol{y}) - \omega(\boldsymbol{Ly},\boldsymbol{y})}$$

显然

$$(\boldsymbol{Dy},\boldsymbol{y}) = \sum_{i=1}^{n} a_{ii} \mid y_i \mid^2 \equiv \sigma > 0 \tag{6.3.5}$$

记

$$-(\boldsymbol{Ly},\boldsymbol{y}) = \alpha + \mathrm{i}\beta$$

由于 $\boldsymbol{A} = \boldsymbol{A}^{\mathrm{T}}$,所以 $\boldsymbol{U} = \boldsymbol{L}^{\mathrm{T}}$,故

$$-(\boldsymbol{Uy},\boldsymbol{y}) = -(\boldsymbol{y},\boldsymbol{Ly}) = -\overline{(\boldsymbol{Ly},\boldsymbol{y})} = \alpha - \mathrm{i}\beta$$

$$0 < (\boldsymbol{Ay},\boldsymbol{y}) = ((\boldsymbol{D} - \boldsymbol{L} - \boldsymbol{U})\boldsymbol{y},\boldsymbol{y}) = \sigma + 2\alpha \tag{6.3.6}$$

所以

$$\lambda = \frac{(\sigma - \omega\sigma - \alpha\omega) + \mathrm{i}\omega\beta}{(\sigma + \alpha\omega) + \mathrm{i}\omega\beta}$$

从而

$$\mid \lambda \mid^2 = \frac{(\sigma - \omega\sigma - \alpha\omega)^2 + \omega^2\beta^2}{(\sigma + \alpha\omega)^2 + \omega^2\beta^2}$$

当 $0 < \omega < 2$ 时,利用式(6.3.5)和式(6.3.6),有

$$(\sigma - \omega\sigma - \alpha\omega)^2 - (\sigma + \alpha\omega)^2 = \omega\sigma(\sigma + 2\alpha)(\omega - 2) < 0$$

即 $\boldsymbol{L}_{\omega}$ 的任一特征值满足 $\mid \lambda \mid < 1$,故 SOR 迭代法收敛[注意当 $0 < \omega < 2$ 时,可以证明 $(\sigma + 2\omega)^2 + \omega^2\beta^2 \neq 0$]。

定理 6.9　设 $\boldsymbol{Ax} = \boldsymbol{b}$,如果:

(1) $\boldsymbol{A}$ 为严格对角占优矩阵(或 $\boldsymbol{A}$ 为弱对角占优不可约矩阵),

(2) $0 < \omega < 1$,

则解 $\boldsymbol{Ax} = \boldsymbol{b}$ 的 SOR 迭代法收敛。

SOR 迭代法的收敛速度与松弛因子 ω 有关。对于 SOR 迭代法中松弛因子的选择,一般取

$$\omega_{\mathrm{opt}} = \frac{2}{1 + \sqrt{1 - (\rho(J))^2}} \tag{6.3.7}$$

其中,$\rho(J)$ 为解 $\boldsymbol{Ax} = \boldsymbol{b}$ 的雅可比迭代法的迭代矩阵的谱半径。

习题

1. 设方程组 $\begin{cases} x_1 + 3x_2 - x_3 = 1 \\ x_1 + x_2 + 2x_3 = 2 \\ 2x_1 + 2x_2 + x_3 = 2 \end{cases}$,讨论雅可比迭代法的收敛性。

2.已知方程组 $\begin{pmatrix}2 & 1 & 0\\1 & 3 & 1\\0 & 1 & 2\end{pmatrix}\begin{pmatrix}x_1\\x_2\\x_3\end{pmatrix}=\begin{pmatrix}2\\1\\1\end{pmatrix}$。

(1)证明高斯-赛德尔迭代法收敛;

(2)写出高斯-赛德尔迭代法公式;

(3)取初始值 $\boldsymbol{X}^{(0)}=(0,0,0)^{\mathrm{T}}$,求出 $\boldsymbol{X}^{(1)}$。

3.设线性方程组 $\boldsymbol{Ax}=\boldsymbol{b}$ 的系数矩阵为 $\boldsymbol{A}=\begin{pmatrix}a & 1 & 3\\1 & a & 2\\-3 & 2 & a\end{pmatrix}$,试求能使雅可比迭代法收敛的 a 的取值范围。

4.取 $\boldsymbol{x}^{(0)}=(1,1)^{\mathrm{T}}$,利用共轭梯度法求解方程组 $\begin{cases}3x_1+x_2=3\\x_1+2x_2=1\end{cases}$。

5.设线性方程组 $\begin{cases}ax_1+bx_2=d_1\\cx_1+ax_2+bx_3=d_2\\cx_2+ax_3=d_3\end{cases}$,其中 $a\neq 0$。

(1)写出高斯-赛德尔方法的迭代格式;

(2)给出高斯-赛德尔方法迭代格式收敛的充分必要条件。

第7章

非线性方程的数值解法

7.1 基本思想

将$f(x)=0$转化成$x=\varphi(x)$，取初值x_0，代入$x_{k+1}=\varphi(x_k)$中，得到数列$\{x_k\}$。如果$\{x_k\}\to x^*$，则称$x_{k+1}=\varphi(x_k)$是收敛的，此时x^*就满足$f(x^*)=0$。

例7.1 已知$f(x)=x^2+x-14$，求$f(x)=0$的一个正根。

解：

$$x^2+x-14=0\Leftrightarrow x=14-x^2 \qquad \varphi_1(x)=14-x^2,\ x_{k+1}=14-x_k^2$$

$$\Leftrightarrow x=\frac{14}{x+1} \qquad \varphi_2(x)=\frac{14}{x+1},x_{k+1}=\frac{14}{x_k+1}$$

$$\Leftrightarrow x=x-\frac{x^2+x-14}{2x+1} \qquad \varphi_3(x)=x-\frac{x^2+x-14}{2x+1},x_{k+1}=x_k-\frac{x_k^2+x_k-14}{2x_k+1}$$

通过计算，可以得到表7.1中的数据。

表7.1 计算数据

	x_0	x_1	x_2	x_3	x_4	x_5
φ_1	3	5	-11	-107		
φ_2	3	3.5	3.1111	3.4054	3.1779	3.3510
φ_3	3	3.2857	3.2749	3.2749	3.2749	3.2749

7.2 迭代法的敛散性判断

定理7.1 设$\varphi(x)\in\mathbb{C}[a,b]$，且满足以下两个条件：

条件1：对于任意的$x\in[a,b]$，$a\leqslant\varphi(x)\leqslant b$，

条件2：对于任意的$x\in[a,b]$，$|\varphi'(x)|<1$，

则迭代格式 $x=\varphi(x)$ 收敛。

检验例 7.1 中的 $\varphi_1(x), x \in [3,3.5]$。

$$\varphi_1(x)=14-x^2, x \in [3,3.5] \Rightarrow \varphi(x) \in [3,3.5]$$

$$\varphi_1'(x)=-2x<0, x \in [3,3.5] \Rightarrow \varphi_1(x) \text{ 在}[3,3.5]\text{上是单调递减的}$$

$$\varphi_1(3.5) \leqslant \varphi_1(x) \leqslant \varphi_1(3), \text{不符合条件 1}$$

检验例 7.1 中的 $\varphi_2(x)$。

$$\varphi_2(x)=\frac{14}{x+1}, x \in [3,3.5] \Rightarrow \varphi_2(x) \in [3,3.5]$$

$$\varphi_2'(x)=-\frac{14}{(x+1)^2}<0 \Rightarrow \varphi_2(x) \text{ 在}[3,3.5]\text{ 上是单调递减的}$$

$$\varphi_2(3.5) \leqslant \varphi_2(x) \leqslant \varphi_2(3) \Rightarrow \varphi_2(x) \in [3,3.5], \text{满足条件 1}$$

$$\varphi_2''(x)=-14 \cdot \frac{-2(x+1)}{(x+1)^4}=\frac{28}{(x+1)^3}>0 \Rightarrow \varphi_2'(x) \text{ 在}[3,3.5]\text{上是单调递增的}$$

$$\varphi_2'(3) \leqslant \varphi_2'(x) \leqslant \varphi_2'(3.5), |\varphi_2'(x)|<1, \text{满足条件 2}$$

所以 $x_{k+1}=\varphi_2(x_k)=\dfrac{14}{x_k+1}$ 是收敛的。

例 7.2 $f(x)=x^3-x-1$，判断 $f(x)=0$ 的迭代格式 $x_{k+1}=\sqrt[3]{x_k+1}$ 在 $x \in [1,2]$ 上是否收敛。

解：

$$\varphi(x)=\sqrt[3]{x+1}=(x+1)^{\frac{1}{3}}, x \in [1,2]$$

$\varphi'(x)=\dfrac{1}{3} \cdot (x+1)^{-\frac{2}{3}}$ 在 $x \in [1,2]$ 上大于 0，所以 $\varphi(x)$ 在 $x \in [1,2]$ 上单调递增，有

$$\varphi(1) \leqslant \varphi(x) \leqslant \varphi(2)$$

$$\varphi(1)=2^{\frac{1}{3}}, \varphi(2)=3^{\frac{1}{3}}$$

所以，$1 \leqslant \varphi(x) \leqslant 2, x \in [1,2]$，满足条件 1。

$\varphi''(x)=-\dfrac{2}{9}(x+1)^{-\frac{5}{3}}$ 在 $x \in [1,2]$ 上小于 0，所以 $\varphi'(x)$ 在 $x \in [1,2]$ 上单调递减，有

$$\varphi'(2) \leqslant \varphi'(x) \leqslant \varphi'(1)$$

所以，$|\varphi'(x)|<1, x \in [1,2]$，满足条件 2。

综上所述，$x_{k+1}=\sqrt[3]{x_k+1}$ 在 $x \in [1,2]$ 上是收敛的。

定义 7.1 对于迭代格式 $x_{k+1}=\varphi(x_k)$，已知其收敛于 x^*，若当 $k \to +\infty$ 时，误差 $e_k=x_k-x^*$ 满足渐进关系式 $\dfrac{e_{k+1}}{e_k^p} \to C \neq 0$，则称迭代格式是 p 阶收敛的。

定理 7.2 对于迭代格式 $x_{k+1}=\varphi(x_k)$ 及正整数 p，如果 $\varphi^{(p)}(x)=0$ 在 x^* 附近连续，并且 $\varphi'(x^*)=\varphi''(x^*)=\cdots=\varphi^{(p-1)}(x^*)=0$，而 $\varphi^{(p)}(x^*) \neq 0$，则称该迭代格式在 x^* 附近是 p

阶收敛的。

证明: 将 $\varphi(x)$ 在 x^* 处泰勒展开

$$\varphi(x)=\varphi(x^*)+\varphi'(x^*)\cdot(x-x^*)+\frac{\varphi''(x^*)}{2!}\cdot(x-x^*)^2+\cdots+\frac{\varphi^{(p-1)}(x^*)}{(p-1)!}\cdot(x-x^*)^{p-1}+\frac{\varphi^{(p)}(\xi)}{p!}(x-x^*)^p$$

$$\varphi(x_k)=\varphi(x^*)+\varphi'(x^*)\cdot(x_k-x^*)+\frac{\varphi''(x^*)}{2!}\cdot(x_k-x^*)^2+\cdots+\frac{\varphi^{(p-1)}(x^*)}{(p-1)!}\cdot(x_k-x^*)^{p-1}+\frac{\varphi^{(p)}(\xi)}{p!}(x_k-x^*)^p$$

$$\begin{aligned}e_{k+1}&=x_{k+1}-x^*\\&=\varphi'(x^*)\cdot(x_k-x^*)+\frac{\varphi''(x^*)}{2!}\cdot(x_k-x^*)^2+\cdots+\frac{\varphi^{(p-1)}(x^*)}{(p-1)!}\cdot(x_k-x^*)^{p-1}+\frac{\varphi^{(p)}(\xi)}{p!}(x_k-x^*)^p\end{aligned}$$

$$\frac{e_{k+1}}{e_k^p}=\frac{\varphi^{(p)}(\xi)}{p!}=C$$

则 $x_{k+1}=\varphi(x_k)$ 具有 p 阶收敛。

检验例 7.1 中的

$$\varphi_2(x)=\frac{14}{x+1}$$

$$\varphi_2'(x)=\frac{-14}{(x+1)^2}\neq 0$$

$x_{k+1}=\varphi_2(x_k)$ 具有 1 阶收敛。

检验例 7.1 中的

$$\varphi_3(x)=x-\frac{x^2+x-14}{2x+1}$$

$$\varphi_3'(x)=1-\frac{(2x+1)(2x+1)-(x^2+x-14)\cdot 2}{(2x+1)^2}=\frac{2(x^{*2}+x^*-14)}{(2x^*+1)^2}=0$$

$$\begin{aligned}\varphi_3''(x)&=2\frac{(2x+1)(2x+1)^2-(x^2+x-14)\cdot 2(2x+1)\cdot 2}{(2x+1)^4}\\&=2\frac{(2x+1)^2-4(x^2+x-14)}{(2x+1)^3}\\&=\frac{2}{2x^*+1}\neq 0\end{aligned}$$

$x_{k+1}=\varphi_3(x_k)$ 具有 2 阶收敛,即平方收敛。

对于 $\varphi_3(x)=x-\dfrac{x^2+x-14}{2x+1}$ 的选取,可以从泰勒展开的思想给予解释,将 $f(x)$ 在

$x=x_k$ 处泰勒展开

$$f(x)=f(x_k)+f'(x_k)\cdot(x-x_k)+\cdots$$

$$f(x)=0\Rightarrow f(x_k)+f'(x_k)\cdot(x-x_k)=0$$

$$\Rightarrow x=x_k-\frac{f(x_k)}{f'(x_k)}$$

$$x_{k+1}=x_k-\frac{f(x_k)}{f'(x_k)}$$

该迭代格式称为牛顿法,其具有平方收敛。

7.3 迭代法的变形

由于在牛顿法 $\varphi(x)=x-\dfrac{f(x)}{f'(x)}$ 中需要计算 $f(x)$ 的导函数,这在一些实际问题中是不方便实现的,为此,我们可以将牛顿法进行简化,取 $C=\dfrac{1}{f'(x_0)}$,则得到简化牛顿法 $\varphi(x)=x-Cf(x)$。

同理,为了方便计算 $f(x)$ 的导函数,我们也可以选取一阶差商来近似代替导函数,即令 $f'(x_k)\approx\dfrac{f(x_k)-f(x_{k-1})}{x_k-x_{k-1}}$, 则我们得到新的迭代格式

$$x_{k+1}=x_k-\frac{f(x_k)\cdot(x_k-x_{k-1})}{f(x_k)-f(x_{k-1})}$$

称为弦截法。

习题

1.用二分法求解方程 $x^2-2x-1=0$ 的正根,要求误差小于0.1。

2.用牛顿迭代法求解方程 $f(x)=x^3-3x-1=0$ 在 $x_0=4$ 附近的根。根的准确值 $x^*=1.87938524$,计算结果精确到三位有效数值。

3.用牛顿迭代法求解方程 $f(x)=x^3-2x-1=0$ 在 $x_0=2$ 附近的根,计算结果要求精确到四位有效数字。

4.用牛顿迭代法建立 $\sqrt{c}\,(c>0)$ 的迭代公式。

5.简述牛顿迭代法的优点与缺点。

第8章

矩阵特征值的计算

8.1 特征值的估计

定义 8.1 给定矩阵 $A_{n\times n}=(a_{ij})_{n\times n}$，记 $r_i=\sum_{\substack{j=1\\ i\neq j}}^{n}|a_{ij}|\ (i=1,2,\cdots,n)$，则称 $D_i=\{z\in C\ \big|\ |z-a_{ii}|\leqslant r_i\}$ 为格什戈林圆盘。

例 8.1 $A=\begin{pmatrix}4&1&0\\1&0&-1\\1&1&-4\end{pmatrix}$ 的格什戈林圆盘有

$$r_1=1,\ D_1:\left\{z\ \middle|\ |z-4|\leqslant 1\right\}$$

$$r_2=2,\ D_2:\left\{z\ \middle|\ |z-0|\leqslant 2\right\}$$

$$r_3=2,\ D_3:\left\{z\ \middle|\ |z+4|\leqslant 2\right\}$$

定理 8.1 (1) 设矩阵 A 为 n 阶方阵，则 A 的每一个特征值必属于某一个格什戈林圆盘，或者说 A 的所有特征值都在复平面上 n 个圆盘的并集中。

(2) 如果 A 有 m 个圆盘组成了一个连通的并集 S，且 S 与余下的 $n-m$ 个圆盘是分离的，则 S 内恰包含 m 个特征值。

在例 8.1 中，上面最右端的圆盘中包含矩阵 A 的一个特征值，另外两个特征值位于左端两个圆盘组成的连通的并集中。

如果取对角矩阵 $\Lambda=\begin{pmatrix}1&0&0\\0&1&0\\0&0&\frac{10}{9}\end{pmatrix}$，其逆矩阵为 $\Lambda^{-1}=\begin{pmatrix}1&0&0\\0&1&0\\0&0&\frac{9}{10}\end{pmatrix}$，则 $\Lambda^{-1}A\Lambda=$

$$\begin{pmatrix}1&0&0\\0&1&0\\0&0&\frac{9}{10}\end{pmatrix}\cdot\begin{pmatrix}4&1&0\\1&0&-1\\1&1&-4\end{pmatrix}\cdot\begin{pmatrix}1&0&0\\0&1&0\\0&0&\frac{10}{9}\end{pmatrix}=\begin{pmatrix}4&1&0\\1&0&-\frac{10}{9}\\\frac{9}{10}&\frac{9}{10}&-4\end{pmatrix}$$ $=\boldsymbol{B}$ 与 $\boldsymbol{A}$ 相似，它们有相同的特征值，而此时 $\boldsymbol{B}$ 的特征值位于下面的三个格什弋林圆盘中，如图 8.1 所示，有

$$r_1=1,\ D_1:\left\{z\ \middle|\ |z-4|\leqslant 1\right\}$$

$$r_2=\frac{19}{9},\ D_2:\left\{z\ \middle|\ |z|\leqslant \frac{19}{9}\right\}$$

$$r_3=\frac{9}{5},\ D_3:\left\{z\ \middle|\ |z+4|\leqslant \frac{9}{5}\right\}$$

这说明 $\boldsymbol{B}$ 的三个特征值分别位于这三个圆盘中。

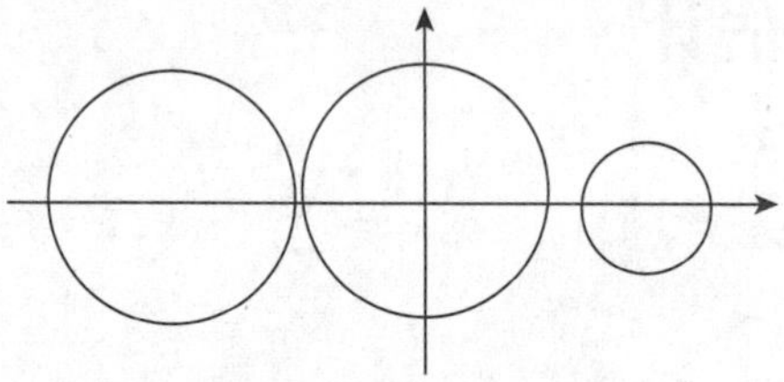

图 8.1　格什弋林圆盘

8.2　幂法与反幂法

幂法是一种计算矩阵主特征值及对应特征向量的迭代方法，其思想为：将 $\boldsymbol{A}_{n\times n}$ 的特征值按模从大到小排列，即 $|\lambda_1|>|\lambda_2|\geqslant|\lambda_3|\geqslant\cdots\geqslant|\lambda_n|$，假设$\boldsymbol{A}_{n\times n}$ 有 n 个线性无关的特征向量，其构成了一个完备的特征向量组，任取一个非零的初始向量

$$\begin{aligned}v_0\neq 0,\ 则\ v_k&=\boldsymbol{A}v_{k-1}\\&=\boldsymbol{A}^k v_0\\&=\boldsymbol{A}^k\cdot(a_1x_1+a_2x_2+\cdots+a_nx_n)\\&=a_1\cdot\boldsymbol{A}^k x_1+a_2\cdot\boldsymbol{A}^k x_2+\cdots+a_n\cdot\boldsymbol{A}^k x_n\\&=a_1\cdot\lambda_1^k x_1+a_2\cdot\lambda_2^k x_2+\cdots+a_n\cdot\lambda_n^k x_n\\&=\lambda_1^k\cdot\left[a_1x_1+a_2\left(\frac{\lambda_2}{\lambda_1}\right)^k x_2+\cdots+a_n\left(\frac{\lambda_n}{\lambda_1}\right)^k x_n\right]\end{aligned}$$

$$k\to\infty,\ v_k\approx\lambda_1^k\cdot a_1\cdot x_1,\ \frac{v_k}{\lambda_1^k}\xrightarrow{k\to\infty}a_1x_1$$

用 $(v_k)_i$ 表示 v_k 的第 i 个分量，记 $\varepsilon_k=\sum\limits_{i=2}^{n}a_i(\lambda_i/\lambda_1)^k x_i$，则

$$\frac{(v_{k+1})_i}{(v_k)_i}=\frac{\lambda_1^{k+1}\cdot[a_1(x_1)_i+(\varepsilon_{k+1})_i]}{\lambda_1^k\cdot[a_1(x_1)_i+(\varepsilon_k)_i]}\to\lambda_1,\ k\to\infty$$

反幂法的思想为:求 $\boldsymbol{A}^{-1}$ 的最大特征值及对应的特征向量,则得到 $\boldsymbol{A}$ 的最小特征值的倒数及对应的特征向量。

8.3 QR 方法求矩阵的特征值

首先介绍豪斯霍尔德变换。选取 $\boldsymbol{w}\in\mathbb{R}^n$ 为单位向量,即 $\boldsymbol{w}^{\mathrm{T}}\boldsymbol{w}=1$, $\|\boldsymbol{w}\|=1$,记 $\boldsymbol{H}(\boldsymbol{w})=\boldsymbol{I}-2\boldsymbol{w}\cdot\boldsymbol{w}^{\mathrm{T}}$, 称为豪斯霍尔德变换。

$\boldsymbol{H}(\boldsymbol{w})$ 是正交矩阵,实际上

$$\begin{aligned}\boldsymbol{H}^{\mathrm{T}}\boldsymbol{H}=\boldsymbol{H}^2&=(\boldsymbol{I}-2\boldsymbol{w}\boldsymbol{w}^{\mathrm{T}})(\boldsymbol{I}-2\boldsymbol{w}\boldsymbol{w}^{\mathrm{T}})\\&=\boldsymbol{I}-4\boldsymbol{w}\boldsymbol{w}^{\mathrm{T}}+4\boldsymbol{w}\boldsymbol{w}^{\mathrm{T}}\boldsymbol{w}\boldsymbol{w}^{\mathrm{T}}=\boldsymbol{I}\end{aligned}$$

我们通过一个例子来研究豪斯霍尔德变换的几何意义:

选取 $\boldsymbol{u}=\begin{pmatrix}1\\2\\3\end{pmatrix}$, $\boldsymbol{w}=\dfrac{\boldsymbol{u}}{\|\boldsymbol{u}\|}=\begin{pmatrix}\dfrac{1}{\sqrt{14}}\\\dfrac{2}{\sqrt{14}}\\\dfrac{3}{\sqrt{14}}\end{pmatrix}$,则

$$\begin{aligned}\boldsymbol{H}(\boldsymbol{w})&=\boldsymbol{I}-2\boldsymbol{w}\cdot\boldsymbol{w}^{\mathrm{T}}\\&=\boldsymbol{I}-2\frac{\boldsymbol{u}\cdot\boldsymbol{u}^{\mathrm{T}}}{\|\boldsymbol{u}\|^2}\\&=\boldsymbol{I}-\frac{1}{7}\begin{pmatrix}1\\2\\3\end{pmatrix}(1\quad 2\quad 3)\\&=\boldsymbol{I}-\frac{1}{7}\begin{pmatrix}1&2&3\\2&4&6\\3&6&9\end{pmatrix}\\&=\begin{pmatrix}\dfrac{6}{7}&-\dfrac{2}{7}&-\dfrac{3}{7}\\-\dfrac{2}{7}&\dfrac{3}{7}&-\dfrac{6}{7}\\-\dfrac{3}{7}&-\dfrac{6}{7}&-\dfrac{2}{7}\end{pmatrix}\end{aligned}$$

$$\boldsymbol{H}^{\mathrm{T}}\cdot\boldsymbol{H}=\begin{pmatrix}1&0&0\\0&1&0\\0&0&1\end{pmatrix}$$

$$\boldsymbol{Hv}=\begin{pmatrix}\frac{6}{7}&-\frac{2}{7}&-\frac{3}{7}\\-\frac{2}{7}&\frac{3}{7}&-\frac{6}{7}\\-\frac{3}{7}&-\frac{6}{7}&-\frac{2}{7}\end{pmatrix}\begin{pmatrix}-1\\4\\7\end{pmatrix}=\begin{pmatrix}-5\\-4\\-5\end{pmatrix}$$

$$\boldsymbol{Hv}=\boldsymbol{H}(\boldsymbol{x}+\boldsymbol{y})=\boldsymbol{Hx}+\boldsymbol{Hy}$$

$$\boldsymbol{Hx}=\begin{pmatrix}\frac{6}{7}&-\frac{2}{7}&-\frac{3}{7}\\-\frac{2}{7}&\frac{3}{7}&-\frac{6}{7}\\-\frac{3}{7}&-\frac{6}{7}&-\frac{2}{7}\end{pmatrix}\cdot\begin{pmatrix}-3\\0\\1\end{pmatrix}=\begin{pmatrix}-3\\0\\1\end{pmatrix}$$

$$\boldsymbol{x}\in \mathrm{S},\boldsymbol{Hx}=(\boldsymbol{I}-2\boldsymbol{ww}^{\mathrm{T}})\boldsymbol{x}=\boldsymbol{x}-2\boldsymbol{ww}^{\mathrm{T}}\boldsymbol{x}=\boldsymbol{x}$$

$$\boldsymbol{Hy}=\begin{pmatrix}\frac{6}{7}&-\frac{2}{7}&-\frac{3}{7}\\-\frac{2}{7}&\frac{3}{7}&-\frac{6}{7}\\-\frac{3}{7}&-\frac{6}{7}&-\frac{2}{7}\end{pmatrix}\cdot\begin{pmatrix}2\\4\\6\end{pmatrix}=\begin{pmatrix}-2\\-4\\-6\end{pmatrix}$$

$$\boldsymbol{Hy}=(\boldsymbol{I}-2\boldsymbol{ww}^{\mathrm{T}})\boldsymbol{y}=\boldsymbol{y}-2\boldsymbol{ww}^{\mathrm{T}}\boldsymbol{y}$$

$$\|\boldsymbol{w}\|=1,\boldsymbol{y}=c\boldsymbol{w}$$

$$\boldsymbol{y}-2\boldsymbol{ww}^{\mathrm{T}}\cdot c\boldsymbol{w}=\boldsymbol{y}-2c\boldsymbol{w}\cdot\boldsymbol{w}^{\mathrm{T}}\boldsymbol{w}=\boldsymbol{y}-2c\boldsymbol{w}=\boldsymbol{y}-2\boldsymbol{y}=-\boldsymbol{y}$$

引理：设 $\boldsymbol{x}$、$\boldsymbol{y}$ 为两个不相等的 n 维向量，$\|\boldsymbol{x}\|_2=\|\boldsymbol{y}\|_2$，则存在一个初等反射矩阵 $\boldsymbol{H}$ 使 $\boldsymbol{Hx}=\boldsymbol{y}$。

证明：令

$$\boldsymbol{w}=\frac{\boldsymbol{x}-\boldsymbol{y}}{\|\boldsymbol{x}-\boldsymbol{y}\|_2},\boldsymbol{H}(\boldsymbol{w})=\boldsymbol{I}-2\boldsymbol{ww}^{\mathrm{T}}=\boldsymbol{I}-2\cdot\frac{(\boldsymbol{x}-\boldsymbol{y})(\boldsymbol{x}^{\mathrm{T}}-\boldsymbol{y}^{\mathrm{T}})}{\|\boldsymbol{x}-\boldsymbol{y}\|_2^2}$$

$$\begin{aligned}\|\boldsymbol{x}-\boldsymbol{y}\|_2^2&=(\boldsymbol{x}-\boldsymbol{y})^{\mathrm{T}}(\boldsymbol{x}-\boldsymbol{y})\\&=(\boldsymbol{x}^{\mathrm{T}}-\boldsymbol{y}^{\mathrm{T}})(\boldsymbol{x}-\boldsymbol{y})\\&=\boldsymbol{x}^{\mathrm{T}}\boldsymbol{x}-\boldsymbol{x}^{\mathrm{T}}\boldsymbol{y}-\boldsymbol{y}^{\mathrm{T}}\boldsymbol{x}+\boldsymbol{y}^{\mathrm{T}}\boldsymbol{y}\\&=2(\boldsymbol{x}^{\mathrm{T}}\boldsymbol{x}-\boldsymbol{y}^{\mathrm{T}}\boldsymbol{x})\end{aligned}$$

$$\boldsymbol{Hx}=\boldsymbol{x}-2\cdot\frac{(\boldsymbol{x}-\boldsymbol{y})(\boldsymbol{x}^{\mathrm{T}}-\boldsymbol{y}^{\mathrm{T}})}{\|\boldsymbol{x}-\boldsymbol{y}\|_2^2}\cdot\boldsymbol{x}$$

$$=\boldsymbol{x}-2\cdot\frac{(\boldsymbol{x}-\boldsymbol{y})(\boldsymbol{x}^{\mathrm{T}}\boldsymbol{x}-\boldsymbol{y}^{\mathrm{T}}\boldsymbol{x})}{\|\boldsymbol{x}-\boldsymbol{y}\|_2^2}$$

$$=\boldsymbol{x}-(\boldsymbol{x}-\boldsymbol{y})=\boldsymbol{y}$$

定理 8.2(约化定理)　设 $\boldsymbol{x}=(x_1,x_2,\cdots,x_n)^{\mathrm{T}}\neq 0$，则存在初等反射矩阵 $\boldsymbol{H}$，使得

$$\boldsymbol{Hx}=-\sigma\boldsymbol{e}_1=\begin{pmatrix}-\sigma\\0\\0\\\vdots\\0\end{pmatrix}$$

其中

$$\sigma=\operatorname{sgn}(x_1)\cdot\|\boldsymbol{x}\|_2$$

$$\boldsymbol{H}=\boldsymbol{I}-2\cdot\frac{\boldsymbol{u}\cdot\boldsymbol{u}^{\mathrm{T}}}{\|\boldsymbol{u}\|^2},\boldsymbol{u}=\boldsymbol{x}+\sigma\boldsymbol{e}_1=\begin{pmatrix}x_1+\sigma\\x_2\\\vdots\\x_n\end{pmatrix}$$

证明约化定理：$\sigma=\operatorname{sgn}(x_1)\cdot\|\boldsymbol{x}\|_2$

令 $\boldsymbol{y}=-\sigma\boldsymbol{e}_1=\begin{pmatrix}-\sigma\\0\\0\\\vdots\\0\end{pmatrix}$，$\|\boldsymbol{y}\|_2=|-\sigma|=|\operatorname{sgn}(x_1)\cdot\|\boldsymbol{x}\|_2|=\|\boldsymbol{x}\|_2$。

根据引理，存在 $\boldsymbol{H}=\boldsymbol{I}-2\boldsymbol{w}\cdot\boldsymbol{w}^{\mathrm{T}}$，使得

$$\boldsymbol{Hx}=\boldsymbol{y}=-\sigma\boldsymbol{e}_1$$

$$\boldsymbol{w}=\frac{\boldsymbol{x}-\boldsymbol{y}}{\|\boldsymbol{x}-\boldsymbol{y}\|_2}=\frac{\boldsymbol{x}+\sigma\boldsymbol{e}_1}{\|\boldsymbol{x}+\sigma\boldsymbol{e}_1\|_2}$$

例 8.2　设 $\boldsymbol{x}=\begin{pmatrix}3\\5\\1\\1\end{pmatrix}$，求 $\boldsymbol{H}$，使得 $\boldsymbol{Hx}=\begin{pmatrix}\sigma\\0\\0\\0\end{pmatrix}$。

解：

$$\sigma=\|\boldsymbol{x}\|_2=\sqrt{3^2+5^2+1^2+1^2}=6$$

$$\boldsymbol{Hx}=(-6,0,0,0)^{\mathrm{T}}$$

$$\boldsymbol{u}=(9,5,1,1)^{\mathrm{T}},\ \|\boldsymbol{u}\|_2^2=(\sqrt{9^2+5^2+1^2+1^2})^2=108$$

$$H = I - \frac{1}{54}\cdot u\cdot u^{\mathrm{T}}$$

$$= I - \frac{1}{54}\cdot\begin{pmatrix}9\\5\\1\\1\end{pmatrix}(9\quad 5\quad 1\quad 1)$$

$$= I - \frac{1}{54}\cdot\begin{pmatrix}81 & 45 & 9 & 9\\45 & 25 & 5 & 5\\9 & 5 & 1 & 1\\9 & 5 & 1 & 1\end{pmatrix}$$

$$= \frac{1}{54}\cdot\begin{pmatrix}-27 & -45 & -9 & -9\\-45 & 29 & -5 & -5\\-9 & -5 & 53 & -1\\-9 & -5 & -1 & 53\end{pmatrix}$$

下面我们针对四阶方阵,给出 QR 分解的过程

$$A = \begin{pmatrix}a_{11} & a_{12} & a_{13} & a_{14}\\a_{21} & a_{22} & a_{23} & a_{24}\\a_{31} & a_{32} & a_{33} & a_{34}\\a_{41} & a_{42} & a_{43} & a_{44}\end{pmatrix}\xrightarrow{H_1} H_1A = \begin{pmatrix}a_{11}^{(1)} & a_{12}^{(1)} & a_{13}^{(1)} & a_{14}^{(1)}\\0 & a_{22}^{(1)} & a_{23}^{(1)} & a_{24}^{(1)}\\0 & a_{32}^{(1)} & a_{33}^{(1)} & a_{34}^{(1)}\\0 & a_{42}^{(1)} & a_{43}^{(1)} & a_{44}^{(1)}\end{pmatrix}$$

$$\xrightarrow[\text{用约化定理构造一个 }\tilde{H}_2\text{,使得 }\tilde{H}_2\begin{pmatrix}a_{22}^{(1)}\\a_{32}^{(1)}\\a_{42}^{(1)}\end{pmatrix}=\begin{pmatrix}a_{22}^{(2)}\\0\\0\end{pmatrix}]{H_2=\begin{pmatrix}1 & 0\\0 & \tilde{H}_2\end{pmatrix}} H_2H_1A = \begin{pmatrix}a_{11}^{(2)} & a_{12}^{(2)} & a_{13}^{(2)} & a_{14}^{(2)}\\0 & a_{22}^{(2)} & a_{23}^{(2)} & a_{24}^{(2)}\\0 & 0 & a_{33}^{(2)} & a_{34}^{(2)}\\0 & 0 & a_{43}^{(2)} & a_{44}^{(2)}\end{pmatrix}$$

$$\xrightarrow[\text{构造 }\tilde{H}_3\text{,使得 }\tilde{H}_3\begin{pmatrix}a_{33}^{(2)}\\a_{43}^{(2)}\end{pmatrix}=\begin{pmatrix}a_{33}^{(3)}\\0\end{pmatrix}]{H_3=\begin{pmatrix}1 & 0 & 0 & 0\\0 & 1 & 0 & 0\\0 & 0 & \multicolumn{2}{c}{\tilde{H}_3}\\0 & 0 & & \end{pmatrix}} H_3H_2H_1A = \begin{pmatrix}a_{11}^{(3)} & a_{12}^{(3)} & a_{13}^{(3)} & a_{14}^{(3)}\\0 & a_{22}^{(3)} & a_{23}^{(3)} & a_{24}^{(3)}\\0 & 0 & a_{33}^{(3)} & a_{34}^{(3)}\\0 & 0 & 0 & a_{44}^{(3)}\end{pmatrix}$$

通过上述过程,我们就得到了矩阵 A 的 QR 分解:$A = QR$,其中 R 为上三角矩阵,Q 为正交矩阵,于是可以得到一个新矩阵 $B = RQ = Q^{\mathrm{T}}AQ$。显然,$B$ 是经过正交相似变换得到的,因此,B 与 A 的特征值相同。再对 B 进行 QR 分解,又可以得到一个新矩阵。重复这一过程,就可以得到矩阵序列:

令

$$A_1 = Q_1R_1 \Rightarrow R_1 = Q_1^{-1}\cdot A_1 = Q^{\mathrm{T}}A_1$$

$$A_2 = R_1\cdot Q_1 = Q_1^{\mathrm{T}}A_1Q_1$$

$$A_2 = Q_2R_2 \Rightarrow R_2 = Q_2^{-1}A_2 = Q_2^{\mathrm{T}}A_2$$

$$
\begin{aligned}
A_3 = R_2Q_2 &= Q_2^{\mathrm{T}} \cdot A_2 \cdot Q_2 \\
&= Q_2^{\mathrm{T}} \cdot (Q_1^{\mathrm{T}}A_1Q_1) \cdot Q_2 \\
&\vdots \\
A_{k+1} &= Q_k^{\mathrm{T}} \cdot A_k \cdot Q_k \\
&= Q_k^{\mathrm{T}}Q_{k-1}^{\mathrm{T}}\cdots Q_1^{\mathrm{T}} \cdot A_1 \cdot Q_1Q_2\cdots Q_k
\end{aligned}
$$

以上为矩阵 $\boldsymbol{A}$ 的 QR 算法，就是利用矩阵的 QR 分解，按上述递推法则构造序列 $\{A_k\}$ 的过程。当对称矩阵 $\boldsymbol{A}$ 满足一定条件时，由 QR 算法产生的序列 $\{\boldsymbol{A}_k\}$ 收敛于 $\boldsymbol{A}$ 的特征值组成的对角矩阵 $\boldsymbol{D}$。

习题

1. 用乘幂法求下列矩阵 $\boldsymbol{A}$ 的按模最大的特征值及对应的特征向量。

$$
\boldsymbol{A} = \begin{pmatrix} -4 & 14 & 0 \\ -5 & 13 & 0 \\ -1 & 0 & 2 \end{pmatrix}
$$

2. 用反幂法求下列矩阵 $\boldsymbol{A}$ 的按模最小的特征值及对应的特征向量。

$$
\boldsymbol{A} = \begin{pmatrix} 3 & 2 \\ 4 & 5 \end{pmatrix}
$$

3. 用 QR 分解法求下列矩阵 $\boldsymbol{A}$ 的全部特征值。

$$
\boldsymbol{A} = \begin{pmatrix} 3 & 1 & 0 \\ 1 & 2 & 1 \\ 0 & 1 & 5 \end{pmatrix}
$$

第9章 常微分方程初值问题的数值解法

9.1 引言

微分方程分为常微分方程和偏微分方程两大类，本章只研究讨论常微分方程的数值解。所谓数值解，是与解析解相区别的。对于很多常微分方程，其解析解并不能容易求得，因此，研究求常微分方程的数值解是有必要的。所谓数值解法，就是寻求解 $y(x)$ 在一系列离散节点 $x_1 < x_2 < \cdots < x_n < x_{n+1} < \cdots$ 上的近似值 $y_1, y_2, \cdots, y_n, y_{n+1}, \cdots$。相邻两个节点的间距 $h_n = x_{n+1} - x_n$ 称为步长。下文如不特别说明，总是假定 $h_i = h(i = 0, 1, \cdots)$ 为常数，这时节点为 $x_n = x_0 + nh, n = 0, 1, 2, \cdots$。

本章主要考虑的是以下一阶常微分方程初值问题的数值解

$$y' = f(x, y), x \in [x_0, b] \tag{9.1.1}$$

$$y(x_0) = y_0 \tag{9.1.2}$$

如果存在实数 $L > 0$，使得

$$|f(x, y_1) - f(x, y_2)| \leqslant L|y_1 - y_2|, \forall y_1, y_2 \in \mathbb{R} \tag{9.1.3}$$

则称 f 关于 y 满足利普希茨(Lipschitz)条件，L 称为 f 的利普希茨常数(简称 Lips.常数)。

定理 9.1 设 f 在区域 $D = \{(x, y) \mid a \leqslant x \leqslant b, y \in \mathbb{R}\}$ 上连续，关于 y 满足利普希茨条件，则对任意 $x_0 \in [a, b], y_0 \in \mathbb{R}$，常微分方程初值问题即式(9.1.1)和式(9.1.2)在 $x \in [a, b]$ 时存在唯一的连续可微解 $y(x)$。

9.2 简单的数值方法

9.2.1 欧拉法与向后欧拉法

首先介绍泰勒展开的思想。将 $y(x_{n+1})$ 在 x_n 处进行泰勒展开，则有

$$y(x_{n+1}) = y(x_n + h) = y(x_n) + y'(x_n)h + \frac{h^2}{2}y''(\xi_n), \xi_n \in (x_n, x_{n+1})$$

假设上一步的结果能准确地成立，即 $y_n = y(x_n)$，此时 $f(x_n, y_n) = f(x_n, y(x_n)) = y'(x_n)$。于是可得

$$y(x_{n+1}) = y_n + hf(x_n, y_n) + \frac{h}{2}y''(\xi_n), \xi_n \in (x_n, x_{n+1})$$

忽略掉等式右端的 $\frac{h}{2}y''(\xi_n)$，并记为

$$y_{n+1} = y_n + hf(x_n, y_n) \tag{9.2.1}$$

则称式(9.2.1)为计算 $y(x_{n+1})$ 的欧拉法。通过式(9.2.1)的推导可知，y_{n+1} 与 $y(x_{n+1})$ 之间存在着误差

$$y(x_{n+1}) - y_{n+1} = \frac{h^2}{2}y''(\xi_n) \approx \frac{h^2}{2}y''(x_n) \tag{9.2.2}$$

称为欧拉法的局部截断误差主项。局部截断误差主项为 h 的 $p+1$ 次方时，称方法具有 p 阶精度。故欧拉法的精度为一阶。

例 9.1 求解初值问题

$$\begin{cases} y' = y - \dfrac{2x}{y}, 0 < x < 1 \\ y(0) = 1 \end{cases}$$

解：利用欧拉法对上述初值问题求解，欧拉公式的具体形式为

$$y_{n+1} = y_n + h\left(y_n - \frac{2x_n}{y_n}\right)$$

取步长 $h = 0.1$，计算结果对比见表 9.1。

表 9.1 计算结果对比(一)

x_n	y_n	$y(x_n)$	x_n	y_n	$y(x_n)$
0.1	1.1000	1.0954	0.6	1.5090	1.4832
0.2	1.1918	1.1832	0.7	1.5803	1.5492
0.3	1.2774	1.2649	0.8	1.6498	1.6125
0.4	1.3582	1.3416	0.9	1.7178	1.6733
0.5	1.4351	1.4142	1.0	1.7848	1.7321

实际上，例 9.1 的初值问题有解析解 $y = \sqrt{1 + 2x}$，按这个解析式子算出的准确值 $y(x_n)$ 同近似值 y_n 一起列在表 9.1 中，两者相比较可以看出欧拉法的精度不高。

欧拉法的另外一种推导思想：差商代替导数。由式(9.1.1)可知

$$y'(x_n) = f(x_n, y(x_n)) \tag{9.2.3}$$

假设上一步的结果能准确地成立，即 $y_n = y(x_n)$，并将向前差商

$$y'(x_n) \approx \frac{y(x_{n+1}) - y(x_n)}{h} \tag{9.2.4}$$

代入式(9.2.3)左端，则得到 $\dfrac{y(x_{n+1}) - y_n}{h} \approx f(x_n, y_n)$，即 $y(x_{n+1}) \approx y_n + hf(x_n, y_n)$，就得到

了欧拉法。

下面仍然利用差商代替导数的思想,只不过利用向后差商来代替向前差商。

由式(9.1.1)可知

$$y'(x_{n+1})=f(x_{n+1},y(x_{n+1})) \tag{9.2.5}$$

将向后差商 $y'(x_{n+1})\approx\dfrac{y(x_{n+1})-y(x_n)}{h}$ 代入式(9.2.5)左端,则得到

$$\frac{y(x_{n+1})-y(x_n)}{h}\approx f(x_{n+1},y(x_{n+1}))$$

此时,$y(x_{n+1})\approx y_n+hf(x_{n+1},y(x_{n+1}))$,就得到了向后欧拉法

$$y_{n+1}\approx y_n+hf(x_{n+1},y_{n+1}) \tag{9.2.6}$$

向后欧拉法[式(9.2.6)]与欧拉法[式(9.2.1)]有着本质上的区别:后者是关于 y_{n+1} 的一个直接的计算公式,这类公式称作显式的;然而前者的右端也含有未知的 y_{n+1},它实际上是关于 y_{n+1} 的一个函数方程,这类公式称作隐式的。向后欧拉法式(9.2.6)也称为隐式欧拉法。

显式与隐式两类方法各有特点。有时为了考虑计算数值解的稳定性,需要考虑选用隐式方法,但使用显式方法远比隐式方法更方便。

隐式欧拉法[式(9.2.6)]通常用迭代法求解:首先利用欧拉法

$$y_{n+1}^{(0)}=y_n+hf(x_n,y_n)$$

给出迭代初值 $y_{n+1}^{(0)}$,将它代入式(9.2.6)的右端,使之转化为显式,直接计算得

$$y_{n+1}^{(1)}=y_n+hf(x_{n+1},y_{n+1}^{(0)})$$

然后将 $y_{n+1}^{(1)}$ 代入式(9.2.6),又有

$$y_{n+1}^{(2)}=y_n+hf(x_{n+1},y_{n+1}^{(1)})$$

如此反复进行,得

$$y_{n+1}^{(k+1)}=y_n+hf(x_{n+1},y_{n+1}^{(k)}),k=0,1,\cdots$$

9.2.2 梯形方法和改进的欧拉法

前面分别利用泰勒展开的思想和差商代替导数的思想推导出了欧拉法,下面再介绍数值积分的思想:

将式(9.1.1)两端在区间 $[x_n,x_{n+1}]$ 上进行积分

$$\int_{x_n}^{x_{n+1}}y'\mathrm{d}x=\int_{x_n}^{x_{n+1}}f(x,y)\mathrm{d}x \tag{9.2.7}$$

对上式右端采用左矩形的数值积分公式,得到

$$y(x_{n+1})-y(x_n)\approx h\cdot f(x_n,y(x_n))$$

即 $y(x_{n+1})\approx y_n+hf(x_n,y_n)$,欧拉法即可得到。

如果式(9.2.7)的右端不采用左矩形的数值积分公式,而采取梯形公式

$$\int_{x_n}^{x_{n+1}}f(x,y)\mathrm{d}x\approx\frac{h}{2}[f(x_n,y(x_n))+f(x_{n+1},y(x_{n+1}))]$$

则式(9.2.7)变为

$$y(x_{n+1}) - y(x_n) \approx \frac{h}{2}[f(x_n, y(x_n)) + f(x_{n+1}, y(x_{n+1}))]$$

整理后得到梯形方法

$$y_{n+1} = y_n + \frac{h}{2}[f(x_n, y_n) + f(x_{n+1}, y_{n+1})] \tag{9.2.8}$$

注意到,梯形方法也是一种隐式方法,通常用迭代法进行求解

$$y_{n+1}^{(k+1)} = y_n + \frac{h}{2}[f(x_n, y_n) + f(x_{n+1}, y_{n+1}^{(k)})]$$

这就需要在应用梯形法进行实际计算时,每迭代一次,都要重新计算函数 $f(x,y)$ 的值,导致计算量很大,而且往往难以预测。为了控制计算量,通常只迭代一次就转入下一步的计算,这就简化了算法。具体来说,就是只计算

$$y_{n+1}^{(1)} = y_n + \frac{h}{2}[f(x_n, y_n) + f(x_{n+1}, y_{n+1}^{(0)})] \tag{9.2.9}$$

而式(9.2.9)右端中的 $y_{n+1}^{(0)}$,通过欧拉法得到,即 $y_{n+1}^{(0)} = y_n + hf(x_n, y_n)$,代入后就得到了改进的欧拉法

$$y_{n+1} = y_n + \frac{h}{2}[f(x_n, y_n) + f(x_{n+1}, y_n + hf(x_n, y_n))]$$

注意到,改进的欧拉法是显式方法。

例 9.2　用改进的欧拉法求解例 9.1 中的初值问题。

解:改进的欧拉公式为

$$\begin{cases} y_p = y_n + h\left(y_n - \dfrac{2x_n}{y_n}\right) \\ y_c = y_n + h\left(y_p - \dfrac{2x_{n+1}}{y_p}\right) \\ y_{n+1} = \dfrac{1}{2}(y_p + y_c) \end{cases}$$

仍取 $h=0.1$,计算结果对应见表 9.2。同例 9.1 中欧拉法的计算结果比较,改进的欧拉法明显改善了精度。

表 9.2　计算结果对比(二)

x_n	y_n	$y(x_n)$	x_n	y_n	$y(x_n)$
0.1	1.0959	1.0954	0.6	1.4860	1.4832
0.2	1.1841	1.1832	0.7	1.5525	1.5492
0.3	1.2662	1.2649	0.8	1.6165	1.6125
0.4	1.3434	1.3416	0.9	1.6782	1.6733
0.5	1.4164	1.4142	1.0	1.7379	1.7321

9.3 龙格-库塔方法

在 9.2.1 中,介绍了推导欧拉法的泰勒展开的思想,即将 $y(x_{n+1})$ 在 x_n 处进行泰勒展开,则有

$$\begin{aligned} y(x_{n+1}) &= y(x_n + h) \\ &= y(x_n) + y'(x_n)h + \frac{h^2}{2}y''(x_n) + \frac{h^3}{3!}y'''(\xi_n),\xi_n \in (x_n, x_{n+1}) \end{aligned} \tag{9.3.1}$$

如果上式右端只取线性部分,则得到了欧拉法,局部截断误差为 $\frac{h^2}{2}y''(\xi_n)$。如果想提高局部截断误差的阶数,从泰勒展开式中可以看到,上式右端可以多取一项,即

$$y(x_{n+1}) = y(x_n + h) \approx y(x_n) + y'(x_n)h + \frac{h^2}{2}y''(x_n)$$

此时,局部截断误差为 $\frac{h^3}{3!}y'''(\xi_n)$,误差的阶数提高了。但是,为了提高误差的阶数,所付出的代价是需要计算 $y(x)$ 关于自变量的二阶导数 $y''(x_n)$,这在实际问题中无疑提高了要求,不容易满足。有没有一种方法,既能提高误差的阶数,又不需要计算 $y(x)$ 的高阶导数呢?

一般地,在区间 $[x_n, x_{n+1}]$ 上选择一个点 $x_{n+p} = x_n + ph$,其中 $0 < p \leqslant 1$,记 $K_1 = f(x_n, y_n)$,计算

$$\begin{aligned} y'(x_{n+p}) &= f(x_{n+p}, y_{n+p}) \\ &= f(x_n + ph, y(x_n + ph)) \\ &= f(x_n + ph, y_n + phf(x_n, y_n)) \\ &= f(x_n + ph, y_n + phK_1) \end{aligned}$$

记为 K_2。对 K_1 和 K_2 做加权平均,并记为 K^*,即 $K^* = \lambda_1 K_1 + \lambda_2 K_2$,其中 $\lambda_1 + \lambda_2 = 1$,则得到一个新的数值解方法

$$\begin{cases} y_{n+1} = y_n + h(K^*) = y_n + h(\lambda_1 K_1 + \lambda_2 K_2) \\ K_1 = f(x_n, y_n) \\ K_2 = f(x_n + ph, y_n + phK_1) \\ \lambda_1 + \lambda_2 = 1 \\ y(x_0) = y_0 \end{cases} \tag{9.3.2}$$

该方法是否能够达到高一阶的误差呢?

将 $K_2 = f(x_n + ph, y_n + phK_1)$ 做泰勒展开得

$$K_2 = f(x_n + ph, y_n + phK_1) = f(x_n, y_n) + phf'(x_n, y_n) + \cdots$$

代入式(9.3.2)中,得到

$$
\begin{aligned}
y_{n+1} &= y_n + h(\lambda_1 K_1 + \lambda_2 K_2) \\
&= y_n + h(\lambda_1 f(x_n, y_n) + \lambda_2 f(x_n, y_n) + \lambda_2 phf'(x_n, y_n)) \\
&= y_n + h(f(x_n, y_n) + \lambda_2 ph^2 f'(x_n, y_n) + \cdots) \\
&= y_n + hf(x_n, y_n) + \lambda_2 ph^2 f'(x_n, y_n) + \cdots
\end{aligned}
$$

将其与式(9.3.1)进行比较，只需要 $\lambda_2 p = \dfrac{1}{2}$，就使得式(9.3.2)的误差达到$\dfrac{h^3}{3!}y'''(\xi_n)$。

观察式(9.3.2)，其计算过程不需要计算 $y(x)$ 的高阶导数，误差又能达到 $\dfrac{h^3}{3!}y'''(\xi_n)$，这正符合我们提出的要求，把式(9.3.2)称为二阶龙格-库塔方法。关于三阶龙格-库塔方法和四阶龙格-库塔方法，都可以类似构造。

习题

1.对于初值问题 $\begin{cases} y' = -10y \\ y(0) = 1 \end{cases}$，请分别写出显式和隐式欧拉公式。

2.给定常微分方程初值问题 $\begin{cases} y' = f(x, y), a \leqslant x \leqslant b \\ y(a) = \eta \end{cases}$，取正整数 n，记 $h = (b-a)/n$；$x_i = a + ih, i = 0, 1, 2, \cdots, n; y_i \approx y(x_i), 1 \leqslant i \leqslant n, y_0 = \eta$。求常数 A、B，使下列数值求解公式

$$
y_{i+1} = y_i + h\left[\boldsymbol{A}f(x_{i+1}, y_{i+1}) + \frac{2}{3}f(x_i, y_i) + \boldsymbol{B}f(x_{i-1}, y_{i-1})\right], 1 \leqslant i \leqslant n-1
$$

的阶数尽可能高，并求出公式的阶数和局部截断误差表达式。

3.用欧拉法解初值问题 $\begin{cases} y' = ax + b \\ y(0) = 0 \end{cases}$，并证明其局部截断误差为 $y(x_n) - y_n = \dfrac{1}{2}anh^2$。其中，$x_n = nh$，$y_n$ 是数值解。

4.用四阶龙格-库塔方法求解下列初值问题(取 $h = 0.2$)

$$
\begin{cases} y' = x + y - x^2 + 1, \quad 0 \leqslant x \leqslant 0.6 \\ y(0) = 0 \end{cases}
$$

参考文献

[1] 李庆扬,王能超,易大义.数值分析[M].5 版.北京:清华大学出版社,2008.
[2] 李庆扬,王能超,易大义.数值分析[M].5 版.武汉:华中科技大学出版社,2022.
[3] 马东升.数值计算方法[M].北京:机械工业出版社,2002.
[4] 王仁宏.数值逼近[M].北京:高等教育出版社,1999.
[5] 郑成德.数值计算方法[M].北京:清华大学出版社,2010.